全国测绘地理信息职业教育教学指导委员会"十四五"推荐教材

全站仪测量技术

（第 3 版）

主　编　成晓芳

副主编　田　萍　江新清

主　审　邹晓军

U0272588

武汉理工大学出版社

·武　汉·

图书在版编目(CIP)数据

全站仪测量技术/成晓芳主编. —3 版. —武汉:武汉理工大学出版社,2022.9
ISBN 978-7-5629-6652-4

Ⅰ.① 全…　Ⅱ.① 成…　Ⅲ.①全站型光电速测经纬仪-测量技术　Ⅳ.① TH761.1

中国版本图书馆 CIP 数据核字(2022)第 147464 号

项目负责人:汪浪涛
责 任 编 辑:汪浪涛
责 任 校 对:陈　平
排 版 设 计:正风图文
出 版 发 行:武汉理工大学出版社
社　　　址:武汉市洪山区珞狮路 122 号
邮　　　编:430070
网　　　址:http://www.wutp.com.cn
经　　　销:各地新华书店
印　　　刷:荆州市精彩印刷有限公司
开　　　本:787×1092　1/16
印　　　张:9.5
字　　　数:237 千字
版　　　次:2022 年 9 月第 3 版
印　　　次:2022 年 9 月第 1 次印刷
印　　　数:3000 元
定　　　价:27.00 元

全国测绘地理信息职业教育教学指导委员会
"十四五"推荐教材

编审委员会

出 版 说 明

　　教材建设是教育教学工作的重要组成部分,高质量的教材是培养高质量人才的基本保证,高职高专教材作为体现高职教育特色的知识载体和教学的基本条件,是教学的基本依据,是学校课程最具体的形式,直接关系到高职教育能否为一线岗位培养符合要求的高技术应用型人才。

　　伴随着国家建设的大力推进,高职高专测绘类专业近几年呈现出旺盛的发展势头,开办学校越来越多,毕业生就业率也在高职高专各专业中名列前茅。然而,由于测绘类专业是近些年才发展壮大的,也由于开办这个专业需要很多的人力和设备资金投入,因此很多学校的办学实力和办学条件尚需提高,专业的教材建设问题尤为突出,主要表现在:缺少符合高职特色的"对口"教材;教材内容存在不足;教材内容陈旧,不适应知识经济和现代高新技术发展需要;教学新形式、新技术、新方法研究运用不够;专业教材配套的实践教材严重不足;各门课程所使用的教材自成体系,缺乏联系与衔接;教材内容与职业资格证书制度缺乏衔接等。

　　武汉理工大学出版社在全国测绘地理信息职业教育教学指导委员会的指导和支持下,对全国二十多所开办测绘类专业的高职院校和多个测绘类企事业单位进行了调研,组织了近二十所开办测绘类专业的高职院校的骨干对高职测绘类专业的教材体系进行了深入系统的研究,编写出了一套既符合现代测绘专业发展方向,又适应高职教育能力目标培养的专业教材,以满足高职应用型高级技术人才的培养需求。

　　这套测绘类教材既是我社"十四五"重点规划教材,也是全国测绘地理信息职业教育教学指导委员会"十四五"推荐教材,希望本套教材的出版能对该类专业的发展做出一点贡献。

武汉理工大学出版社

2020 年 1 月

前　言

（第 3 版）

全站仪是当今测绘生产行业使用最广泛的现代测量仪器之一。全站仪测量技术是高职高专测绘专业学生必修的专业技术。"全站仪测量技术"课程是高职高专测绘专业核心专业课程之一。为满足高职高专测绘专业教学的需要，在编委会的指导下，参编者根据多年的教学经验，并参考大量相关文献、资料编写了本书。针对高职高专教育特点，本书编写中注重精化理论与概念，强调过程操作，力求突出实用性。

全书分为 6 章。第 1 章全站仪概述，介绍全站仪使用的发展及现状，常用全站仪的品牌、型号及主要技术参数，电子测角、电子测距和电子补偿的原理。第 2 章全站仪的使用，介绍了全站仪的结构、键盘，角度、距离及坐标测量的操作，工作模式及菜单层级，文件管理和使用要求。第 3 章全站仪程序测量，介绍普通全站仪各种程序测量的功能特点及操作步骤。第 4 章全站仪的检验，介绍全站仪常规检验的项目、目的、要求和自检的方法。第 5 章全站仪的应用，介绍全站仪在图根控制测量、数字测图、工程断面测量、变形监测、道路工程测量和精密跨河高程传递中的应用。第 6 章新型全站仪介绍，介绍 Win 全站仪、测量机器人、超站仪等新型全站仪的技术参数、功能特点及实际应用情况。本次改版，文字内容主要是增加了一节介绍常用智能超站仪；同时也为方便学生学习，在书中以二维码形式插入了 14 个重难点操作演示小视频。

本书由成晓芳任主编，具体编写分工为：第 1 章、第 2 章由武汉电力职业技术学院成晓芳、郑俊伟编写；第 3 章由杨凌职业技术学院田萍编写；第 4 章由武汉电力职业技术学院成晓芳编写；第 5 章、第 6 章由武汉电力职业技术学院江新清编写。全书由成晓芳统稿。邹晓军担任本书的主审。

全站仪测量技术发展很快，全站仪的品牌、型号繁多，加上编者水平有限，本书难免存在问题和不足，望读者批评指正。

编者

2022 年 2 月

目　　录

数字资源目录

1　全站仪概述

1.1　全站仪的基本概念

1.1.1　全站仪及其发展

全站型电子速测仪简称全站仪（total station），是一种集机械、光学、电子于一体的现代测量仪器。它可以同时进行角度（水平角、竖直角）测量、距离（斜距、平距、高差）测量和数据处理。相对于经纬仪测角、水准仪测高差、测距仪测距而言，全站仪可以一次性地完成测站上所有的测量工作，精确地确定地面两点间的坐标增量和高差，故被称为"全站仪"。全站仪是目前测绘行业使用最广泛的测量仪器之一。

全站仪出现以前，测绘仪器主要是光学仪器，如经纬仪、水准仪。经纬仪和水准仪虽然都可以采用光学的方法（视距法）测量距离，但是测程短（100 m）、精度低（1/200～1/500），仅应用于碎部测量中。而对于控制测量中的距离（距离比较长，精度比较高），只能采用钢尺或钢钢尺丈量。那时候，精确测量一段距离是一件十分困难的事情。

1948 年，瑞典物理学家 E.Bergstrand 与瑞典 AGA 仪器公司合作，制成了世界上第一台电子测距仪。1963 年瑞士威特厂生产了第一台红外测距仪。红外测距仪体积较小、操作简便，开始广泛应用于实际工程。人们将红外测距仪搭载于经纬仪之上，形成了早期的全站仪，即所谓积木式的全站仪。

1963 年，世界上第一台电子（编码）经纬仪研制成功。电子经纬仪的出现为集成式全站仪的产生提供了条件。1968 年，西德 Opton 厂将电子经纬仪与电了测距仪设计为一体，研制了 Reg Elta 14 全站仪。1971 年，瑞典 AGA 仪器公司生产了集成式全站仪 Geodimeter 700。早期的集成式全站仪仪体笨重，操作复杂，耗电量大。

集成式全站仪问世正逢现代微电子技术快速发展时期，人们将芯片技术应用于全站仪，使全站仪朝着高精度、多功能、自动化、微型化的方向发展。一时各国厂商竞相研制，市场产品繁多。经过十多年的发展，全站仪的体积已经与经纬仪差不多；可测距、测角，可记录、计算，可进行程序测量等功能方面；测程一般为 1～3 km；测距精度达 1/10 万左右，测角精度分 10″、5″和

2″几种;双面数字显示,用键盘操作,数据可上传下载,使用方便。因而广受用户欢迎。

进入新世纪,全站仪得到了进一步发展。一方面,普通全站仪的稳定性、操作性得到不断改善和升级;另一方面,为适应不同的测绘生产需要,全站仪出现了很多新功能和差异化产品。

(1)可视对中、可视照准功能。这种全站仪的对中器能发出红色光线,在地面控制点上形成一个很小的红色斑点,可满足对中误差 1 mm 左右。望远镜照准目标时,也有红色光线沿视准轴发出,方便在夜间或地下环境中使用。

(2)电子气泡功能。电子气泡的分辨率(灵敏度)为 2″/mm,远高于普通的圆水准器和管水准器,能提高仪器的整平精度。

(3)SD 卡和 USB 接口的应用。现在的全站仪基本上都配置了 SD 卡和 USB 接口,这使得全站仪的数据通信大为简捷。

(4)免棱镜功能。免棱镜测距不仅大大减轻了野外作业的强度,而且解决了有些地方无法测距的困难。各种品牌的全站仪系列产品中基本上都有免棱镜功能的型号。国产仪器中,免棱镜测距测程一般为 200～500 m。目前免棱镜测距测程最远的是拓普康 GPT750、GPT7500 系列全站仪,标称免棱镜测距测程为 2000 m。免棱镜全站仪代表了全站仪便捷化的发展方向。

(5)自动照准功能。在大致照准目标后,按下"AF"键,仪器自动进行精密照准。精密照准的时间为 3～5 s。自动照准功能可以减轻观测者的劳动强度,提高野外工作效率。

(6)自动搜索,自动照准技术。全站仪在搜索目标时,进行垂直面扇形搜索激光扫描,照准部缓慢旋转,发现目标后,停止扇形扫描,启动精细照准程序,进行精确照准,并进行后续测量工作。自动搜索照准技术多用于智能全站仪(测量机器人)。智能全站仪代表了全站仪自动化的发展方向。

(7)跟踪锁定功能。开启跟踪锁定功能,手动照准棱镜,进行初始化测距,让仪器"记住"棱镜。以后棱镜移动,仪器自动跟踪棱镜,当棱镜短暂停留时,进行测量并记录。

(8)遥控测量技术。棱镜杆上装有一个全站仪的操作面板,与全站仪无线连接,一个人可以在镜站上实现对全站仪的各种操控,完成测量工作。

(9)带操作系统和图像显示功能。这种全站仪具有类似计算机的操作系统、触摸式彩屏、图形化界面和功能强大的测量应用软件,极大地提高了仪器的使用性能。因大多数操作系统为 Windows CE .NET 4.2操作系统,故常称这种全站仪为 Windows 全站仪。Windows 全站仪代表了全站仪信息化、可视化的发展方向。

(10)与 GPS 技术相结合。将 GPS 接收机与全站仪一体化,就是所谓的超全站仪。超全站仪由 GPS 接收机进行绝对测量,由全站仪进行相对测量,从而实现了真正的自由设站。

1.1.2　全站仪的分类及常用型号

全站仪曾经有过多种分类方法。例如,按结构分成组合式和集成式全站仪,按测程分成远程、中程和短程全站仪,按精度分成Ⅰ级、Ⅱ级和Ⅲ级全站仪,等等。根据目前全站仪产品使用现状和大众化的角度,全站仪可分为以下几个类别:

(1)普通全站仪。这类全站仪具有常规测量和程序测量功能,测程 1～5 km,测距精度 5 mm 左右,测角精度 5″～2″,价格相对低廉,使用最广泛,在全站仪产品中占绝大多数。

(2)Windows 全站仪。普通全站仪引入 WinCe 操作系统,仪器的技术参数变化不大,但仪器的操作性、机动性提高很多,代表全站仪信息化、可视化的发展方向,是普通全站仪未来的替代产品。但因价格原因,目前市场占有率还不高。

(3)免棱镜全站仪。免棱镜或无合作目标是全站仪发展方向之一,也是广大用户期望所在。这类仪器目前发展较快,但在测程和测距精度方面有待进一步提升。

(4)智能全站仪。智能全站仪俗称测量机器人,是全站仪中的高端产品,自动化程度高,精度高,适合应用于某些特殊场合和科研项目。

(5)超全站仪。超全站仪即是 GPS+全站仪,将 GPS 测量与全站仪测量相结合,以 GPS 测量方法确定全站仪的测站点坐标和高程,据此全站仪再测定其他未知点。超全站仪最大的特点是不需要已知点,可以在任何位置设站进行测量,极大地提高了全站仪使用的便利性。

目前,国内外全站仪制造厂商众多,产品种类繁杂,呈现竞争局面。

国外产品的主要代表是美国的天宝(Trimble,2003 年、2004 年先后并购了 AGA、Zeiss 和 Nikon)、瑞士的徕卡(Leica,1988 年并购了 Kern)和日本的拓普康(TOPCON,2007 年并购了 Sokkia),它们走在全站仪发展的前沿,仪器产品创新能力强,科技含量高,仪器综合性能和稳定性好,深受用户信赖,但价格相对较高。这类产品的国内用户主要集中在大中型国有企业、大专院校、科研机构和实力较强的工程部门。相对而言,国内市场上徕卡全站仪和拓普康全站仪占有一定份额,而天宝全站仪用户较少。

国内产品的主要代表是南方、苏一光、科力达和瑞得等公司。国产全站仪目前还处在进口芯片阶段,跟着国际发展方向走,产品的稳定性、可靠性有待提高,但价格优势明显,大多数公司售后服务周到,因而拥有大量的中小客户。

随着国产仪器的不断成熟,进口仪器在稳定性、可靠性、品牌的综合优势上不断遭遇挑战。近几年国产全站仪年产销量达 3.5 万台,而进口全站仪仅为 1 万台左右,国产全站仪已经成为我国全站仪市场上的主流。

目前常用全站仪的品牌及型号见表 1.1。

表 1.1 常用全站仪品牌及型号

品　牌	产品型号	特　点
徕卡	TPS400 系列	普通全站仪
	TS0 系列	普通全站仪
	TC800 系列	普通全站仪
	TPS1200	免棱镜,高精度
	TC2003	高精度全站仪
	TCA1800	高精度测量机器人
	TCA2003	高精度测量机器人 0.5″
	TM30、TS30	0.5″, 0.6 mm+1 ppm
拓普康	GTS330 系列	普通全站仪
	GTS720 系列	Windows 全站仪
	GTS7500 系列	第二代 Windows 全站仪 第三代免棱镜(>2 km)
	GTS9000 系列	Windows 全站仪+智能全站仪

续表 1.1

品　牌	产品型号	特　　点
索佳	NET05	高精度 Windows 全站仪 0.5″，0.8 mm＋1 ppm
天宝	trimble M3	普通全站仪
	trimble5600 系列	镜站遥控、目标自动锁定(伺服马达驱动)、免棱镜
	trimble5700	超全站仪
	Focus8	Windows 全站仪(中文操作系统)
	Focus30	智能全站仪(测量机器人)
南方	NTS320 系列	普通全站仪
	NTS330 系列	普通全站仪(5 km,免棱镜)
	NTS340 系列	第一代 Windows 全站仪
	NTS350 系列	普通全站仪(5 km,免棱镜)
	NTS360 系列	普通全站仪(5 km,免棱镜)
	NTS370 系列	普及型 Windows 全站仪
	NTS960R 系列	Windows 全站仪
	NTS82	超全站仪
科力达	KTS440 系列	普通全站仪
	KTS550 系列	普通全站仪
	KTS472R	Windows 全站仪
	KTS582R	Windows 全站仪
瑞得	RTS820 系列	普通全站仪
	RTS852	普通全站仪
	RTS862	Windows 全站仪
	RTS882	Windows 全站仪
苏一光	RTS110 系列	普通全站仪
	RTS310 系列	普通全站仪
	RTS610 系列	普通全站仪
	RTS710 系列	Windows 全站仪
	RTS810 系列	Windows 全站仪
	GTA1800 系列	自动陀螺＋Windows 全站仪
博飞	BTS6100 系列	普通全站仪
	BTS7200 系列	普通全站仪
	BTS800 系列	普通全站仪
	BTS8002	智能全站仪
三鼎	STS750 系列	普通全站仪
	STS780 系列	Windows 全站仪

此外,还有天津欧波、常州大地、徕卡中纬、北京中翰、拓普康科维、宾得杰汉等品牌,这些品牌品种比较单一,主要是普通全站仪。

1.1.3　全站仪的主要技术参数

全站仪的主要技术参数是代表全站仪性能的指标,也是表明全站仪品质的指标,是用户购买产品的主要依据。一般在全站仪的销售宣传单和使用说明书中列出。作为使用者,首先应了解仪器的主要技术参数,熟悉仪器的性能和功能,才能更好地使用仪器。

全站仪的主要技术参数如下:

(1)望远镜放大倍数。反映全站仪光学性能的指标之一,普通全站仪一般为 30 ×(倍)左右。

(2)望远镜视场角。反映全站仪光学性能的指标之一,普通全站仪一般为 $1°30'$。

(3)管水准器格值。管水准器用于全站仪安置时精确整平,管水准器格值大小反映其灵敏度的高低。灵敏度越高的管水准器,整平精度越高。普通全站仪管水准器格值为 $20''/2$ mm 或 $30''/2$ mm。

(4)圆水准器格值。圆水准器用于全站仪安置时粗略整平,其格值也是代表灵敏度。普通全站仪圆水准器格值为 $8'/2$ mm。

(5)测角精度。测角精度是全站仪重要的技术参数之一。普通全站仪有 $10''$、$5''$、$2''$ 几种。

(6)测程。测程是指全站仪在良好的外界条件下可能测量的最远距离。普通全站仪一般在单棱镜时为 1 km 左右,在三棱镜时为 2 km 左右。测程也是全站仪重要的技术参数之一。

(7)测距精度。测距精度是全站仪重要的技术参数之一,测距精度又称标称精度,其表示方法为 $\pm(a$ mm $+b$ ppm$D)$。其中,a 为固定误差,以 mm 为单位;b 为比例误差系数,ppm$D$ 为所测距离长度 D 的 1/1000000。标称精度有时简写成 $\pm(a+b)$。普通全站仪标称精度一般为 2+2,即观测 1 km 长的距离,误差为 4 mm。其中固定误差和比例误差各为 2 mm。

(8)测距时间。测距时间是表示测距速度的指标。普通全站仪一般单次精测时为 1~3 s;跟踪时为 0.5~1 s。

(9)距离气象改正。普通全站仪一般可输入参数自动改正。

(10)高差球气差改正。普通全站仪一般可输入参数自动改正。

(11)棱镜常数改正。普通全站仪一般可输入参数自动改正。

(12)补偿功能。全站仪能对垂直轴倾斜进行补偿,补偿范围为 $\pm(3'\sim5')$。补偿类型分为单轴补偿、双轴补偿和三轴补偿。普通全站仪一般配有单轴补偿功能或双轴补偿功能。补偿功能也是全站仪重要的技术参数之一。

(13)显示行数。显示行数表示显示屏的大小。全站仪的显示屏越来越大。

(14)内存容量。内存容量表示记录储存数据的能力。全站仪的内存容量也是越来越大。

(15)尺寸及重量。这个参数反映全站仪的体积和重量大小。

全站仪技术参数表中还有其他一些技术参数,相对来说次要一些,此处不一一列举。

1.1.4　全站仪的工作框图

全站仪在外观上与经纬仪差不多,其光学结构部分与经纬仪基本相同,只是省掉了读数窗,改由数字显示。整体结构分为基座和照准部两大部分。相对于经纬仪,全站仪照准部多了双面显示屏、键盘面板、电池和手提柄。南方 NTS 全站仪见图 1.1。

图 1.1　南方 NTS 全站仪

全站仪的工作框图由电子测角、电子测距、电子补偿、微机处理、显示屏、键盘和数据通信接口七个部分组成。其中微机处理包括微处理器、存储器、输入/输出通道和控制系统。电池为仪器各个部分提供电源。全站仪工作框图见图 1.2。

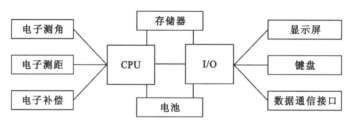

图 1.2　全站仪工作框图

电子测角系统由编码度盘和光电传感器组成。光电传感器将照准方向在编码度盘上的位置以电信号的形式传输给中央处理器(CPU),经中央处理器运算后,以数字形式显示在显示屏上。电子测角系统处于正常工作状态。

电子测距系统由发射器件、接收器件、信号处理器件组成。进入测距状态时,仪器发射测距光波,接收反射光波,检测其相位增量,经中央处理器运算后,以数字形式显示在显示屏上。电子测距系统处于待触发状态。

电子补偿系统由电子水准器(或普通水准器)和光电传感器(或电容传感器、电磁传感器)以及相应的电路组成。当仪器倾斜时,传感器将仪器倾斜度量的电信号传输给中央处理器,经中央处理器运算后,对观测值进行实时改正,并显示改正后的结果。

微机处理系统负责全站仪整个电路系统的管理,接受操作指令,处理相关信号,执行相关程序,控制显示状态。全站仪作业时观测的原始数据只有 3 个,即望远镜照准方向的水平角、垂直角和仪器中心至棱镜中心的斜距。所有其他显示结果都是由这 3 个原始数据计算所得。仪器的只读存储器中固化了多种测量程序和计算程序,按动键盘或软键,便启动相应的程序,进行相应的测量或计算,显示相应的结果。

存储器有两个:一个是只读存储器,专门存放各种测量程序和计算程序;另一个存储器是用来给用户存放已知数据和记录观测数据的。

显示屏用来显示当前工作状态和测量信息。有时还显示指导操作过程的信息。

键盘是输入指令和信息的工具。输入数据、选择各种功能、进入各种状态,都依赖于键盘操作。

数据通信是指与全站仪进行数据双向传输,数据通信要通过计算机进行。可以将计算机中的数据传输到仪器中,也可以将仪器记录的观测数据从存储器中传输到计算机中。

1.2　电子测角原理

全站仪电子测角是利用光电转换原理和微处理器自动测量照准方向在度盘上的读数,并将测量结果显示在仪器的显示屏上,也可以自动储存测量结果。

全站仪电子测角系统有三种:光栅度盘测角系统、编码度盘测角系统和动态测角系统。光栅度盘测角系统属于增量式电子测角系统,早期的全站仪,大多采用光栅度盘测角系统。

1.2.1　光栅度盘测角系统

在径向均匀地刻有许多等间隔线条的玻璃圆盘称为光栅度盘。光栅度盘测角系统通常要由两个光栅度盘组成,其中一个称为主光栅,另一个称为指示光栅。主光栅与指示光栅的线条宽度和栅距 d 相同,但两度盘的光栅方向形成一个很小的角度 θ,如图 1.3 所示。当两个间隔相同的光栅成很小的交角相重叠,在它们相对移动时可以看到明暗相间的干涉条纹,称为莫尔干涉条纹,简称莫尔条纹。

设 w 为莫尔条纹宽度,d 为栅距,θ 为两光栅的交角,则近似可得:

$$w = \frac{\dfrac{d}{2}}{\tan\dfrac{\theta}{2}} \tag{1.1}$$

一般来说,θ 很小,故上式可简化为:

$$w = \frac{d}{\theta} \tag{1.2}$$

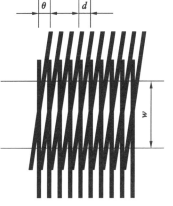

图 1.3　莫尔条纹

莫尔条纹宽度 w 与栅距 d 之比被定义为莫尔条纹的放大倍数 K:

$$K = \frac{w}{d} = \frac{1}{\theta} \tag{1.3}$$

由于 θ 很小,因此 K 值很大,也就是说,莫尔条纹起着放大作用,这样大大提高了分辨率。而且 θ 越小,K 值越大。由此可见,要知道光栅相对移动的数目,只须测出莫尔条纹的移动数目。当光栅相对移动一个栅距 d 时,莫尔条纹就沿垂直于光栅相对移动的方向移动一个条纹宽度 w。

光栅度盘的读数系统采用发光二极管和光电二极管进行光电探测,如图 1.4 所示。在光栅度盘的一侧安置发光二极管,另一端正对位置安装光电接收二极管。指示光栅、发光二极管、光电二极管固定,而主光栅度盘随照准部一起旋

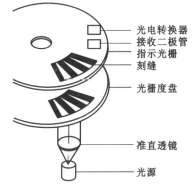

图 1.4　光栅度盘测角原理

光电转换器
接收二极管
指示光栅
刻缝
光栅度盘

准直透镜
光源

转。当望远镜从一个方向转到另一个方向时,两光栅度盘相对移动,就会出现莫尔条纹的移动。莫尔条纹的光信号被光电二极管接收,经整形电路转换成矩形信号,经计数器记录信号周期数,通过总线系统输入到存储器,再经计算由显示屏以度、分、秒的格式显示出来。

利用光栅度盘测角就是要测定从起始方向两个光栅度盘相对移动的光栅数,因此这种测角方式称为增量式测角。早期的全站仪大多采用这种方式测角,其缺点是每次开机需要进行角度初始化,且关机后不能保持关机时的测角状态。

1.2.2　编码度盘测角系统

光学编码度盘是在度盘上刻数道同心圆,构成若干码道,同时将度盘等间隔地划分为若干扇区,在各扇区内不同的码道上按规律设置导电区和绝缘区,用导电和不导电分别代表二进制中的“1”和“0”。图1.5为四码道16扇区四位编码度盘,在码盘下方安置电信号输出电路。测角时度盘随照准部旋转到某目标不动后,由该扇区的导电区与不导电区得到其组合电信号。

图1.6的编码度盘信号输出为1001。输出的组合电信号通过译码器转换为角度值,并在显示屏上显示。

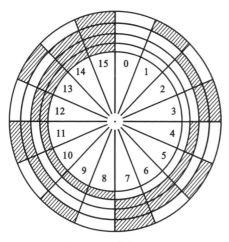

图 1.5　四位编码度盘

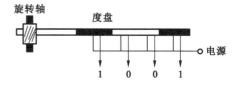

图 1.6　编码度盘信号输出

图1.5的四位编码度盘,有16个扇区,即可以读取16个读数,分辨率为$360°/16=22.5°$。显然,这个分辨率是不能满足测角要求的。提高编码度盘的测角分辨率,除了适当增加扇区数和码道数外,主要是采用电子测微技术。角度电子测微技术是利用电子技术对交变的电信号进行内插,从而提高计数脉冲的频率,达到细分效果,提高测角分辨率。

由于编码度盘可以在任意位置上直接读取度、分、秒值,故编码测角又称为绝对式测角。绝对式测角系统,不仅具有开机无需角度初始化、关机后保留角度信息的特点,而且可以使仪器获得更稳定、更精确的测量值。现在生产的普通全站仪,无论进口的或国产的,基本都是采用绝对式电子测角系统。

1.2.3　动态测角原理

动态测角系统的度盘为环状度盘,如图1.7所示,度盘上刻划等间隔的明暗分划线,明的透光,暗的不透光,相当于栅线和缝隙,一对明暗分划线为一个栅格,其栅距(间隔角)为Φ_0。度盘内外边缘装有两个光栏(光电传感器)S 和 R。S 为固定光栏,位于度盘外侧;R 为可动光栏,随照准部一起转动,位于度盘内侧。同时,度盘上还有两个标志点 a 和 b,S 只接收 a 的信号,R 只接收 b 的信号。测角时,S 代表任一原方向,R 随着照准部旋转,当照准目标后,R 位置已定,此时启动测角系统,使度盘在马达的驱动下,始终以一定的速度逆时针旋转,b 点先通过 R,然后开始计数。接着 a 通过 S,计数停止,此时记下了 R、S 之间的栅距(Φ_0)的整倍数 n 和不足一个删距的小数部分 $\Delta\Phi$,则水平角为:

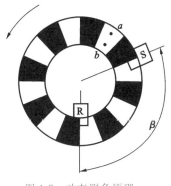

图 1.7　动态测角原理

$$\beta = n\Phi_0 + \Delta\Phi$$

实际上,一个栅格为一个脉冲信号,水平角的栅距(Φ_0)整倍数 n 由 R、S 的粗测功能计数测得;不足一个栅格的小数部分 $\Delta\Phi$ 由 R、S 的精测功能测得。粗测和精测的信号经计算送到中央处理器,然后由显示屏显示或记录于数据终端。

由于测角时,仪器的度盘分别绕垂直轴和水平轴恒速旋转,故这种测角技术称为动态测角。

动态测角的精度取决于 $\Delta\Phi$ 的测量精度,而 $\Delta\Phi$ 的测量精度取决于将 Φ_0 划分成多少个相位差脉冲,划分的相位差脉冲数越多,测角精度就越高。

动态测角能消除度盘栅格的刻划误差,测角精度高,目前主要用于高精度(0.5″级)全站仪。但动态测角需要马达带动度盘,因此在结构上比较复杂,耗电量也大一些。

1.3　电子测距原理

1.3.1　电子测距的基本公式

电子测距是采用光电技术通过测量光波在测段上往返传播的时间来计算测段距离的。如果测得光波在测段上往返传播的时间为 t,则测段距离:

$$s = \frac{ct}{2} \tag{1.4}$$

式中　c——大气中的光速,约 300000 km/s。

电子测距的精度取决于时间测量的精度。若要求距离测量的误差为 0.015 m,则时间测量的精度必须达到 10^{-10} s。所以,电子测距的关键是提高时间测量的精度。

根据时间测量的方式,电子测距分为脉冲式电子测距和相位式电子测距两种。

脉冲式电子测距是采用填脉冲的方法直接测量光波往返的时间。由于光速太快,目前技术上脉冲的频率还难以达到 10^{-10} s 这个精度,所以全站仪电子测距不采用这种方式。

相位式电子测距是通过测量调制信号在测段上往返传播产生的相位增量来间接测定时间,从而求得测段距离。相位式测距精度高,全站仪电子测距都是采用相位式测距。

1.3.2　相位式测距原理

相位式电子测距除了依靠光波外,还借助于一种测距信号。这种测距信号由本机振荡器产生,并加载到光波上,形成调制光波。测距信号加载调制过程类似于无线电广播中音频信号加载调制过程。

电子测距的发射系统在测距时向外发射调制光波,接收系统接收经反射棱镜反射回来的调制光波,由解调器解出测距信号,由检相器对发射信号相位和接收信号相位进行比较,并测出其相位增量,从而间接地计算测段距离。相位式电子测距框图如图1.8所示。

图 1.8　相位式电子测距框图

设测距信号的频率为 f,则其角频率:

$$\omega = 2\pi f \tag{1.5}$$

调制信号在测段上往返的相位增量:

$$\varphi = \omega t = 2\pi f t \tag{1.6}$$

于是有:

$$t = \frac{\varphi}{2\pi f} \tag{1.7}$$

调制信号在测段上往返的波形如图1.9所示。

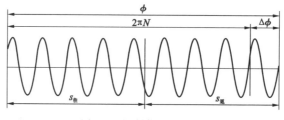

图 1.9　调制信号波形图

调制信号的相位增量 φ 包含 N 个整周期相位和不足一个整周期相位的 $\Delta\varphi$。即:

$$\varphi = 2\pi N + \Delta\varphi \tag{1.8}$$

将式(1.8)代入式(1.7)得:

$$t = \frac{2\pi N + \Delta\varphi}{2\pi f} \tag{1.9}$$

将式(1.9)代入式(1.4)得:

$$s = \frac{c}{2f}\left(N + \frac{\Delta\varphi}{2\pi}\right) \tag{1.10}$$

以 λ 表示调制信号的波长,令 $\Delta N = \dfrac{\Delta\varphi}{2\pi}$,则有:

$$s = \frac{\lambda}{2}(N + \Delta N) \tag{1.11}$$

这就是相位式电子测距的基本公式。相当于用半波长的这把尺子去丈量距离,共增加了 N 个整尺和不足1个整尺的小数部分,距离值由此计算而得,因而半波长又称为"光尺"。

1.3.3 测程与测距精度

事实上,检相器只能测出 $\Delta\varphi$,而不能测出 $2\pi N$。这就要求设定的光尺要比所测距离长。当光尺比所测距离长时,N 就等于 0,所测距离为 ΔN 与半波长之积。

另外,检相器的精度一般为 1/1000 左右。若光尺设定得很长,测距误差也会增大。如 3000 m 的光尺,其测距误差为 3 m。为了保证一定的测程和一定的测距精度,全站仪一般设定了多把长短不一的光尺。最长的光尺决定仪器的测程,最短的光尺决定仪器的精度。仪器无法测出长于最长的光尺的距离。

例如,用 10 km 的光尺测量一段距离,测得 $\Delta N = 0.247$;用 100 m 的光尺测量该段距离,测得 $\Delta N = 0.691$;用 1 m 的光尺测量该段距离,测得 $\Delta N = 0.083$。则该段距离值为 2469.083 m,误差只有 1～2 mm。

1.3.4 免棱镜测距

免棱镜测距又称无合作目标测距,测距时不需要安置目标反射棱镜,仪器直接照准所测物体,便可测得仪器至该物体的距离。免棱镜测距能大大减轻野外作业强度,特别是当目标位置难以到达,或具有危险性时,免棱镜测距更具优越性,因广受用户欢迎而成为当今全站仪发展的一个重要方向。新近出产的全站仪,大部分都具有免棱镜测距功能。

没有棱镜反射回波信号,仪器接收系统只能接收漫反射,而漫反射的信号强度比棱镜反射信号要微弱得多。这种情况下,要实现距离测量,必须提高发射功率,以提高漫反射信号的强度,同时还要提高仪器的接收灵敏度,使之能识别微弱的漫反射信号。这种免棱镜测距的方式不仅增加了电子测距系统的复杂度和仪器供电负担,而且免棱镜测程很短。

目前广泛采用的免棱镜测距方式是激光测距。这种仪器具有两种载波源,一种是红外光,一种是激光,红外光用于棱镜测距,激光用于免棱镜测距。两种测距模式可以通过键盘操作进行切换。由于激光发散角小、平行性好,传播过程中衰减较小,因而大大地增加了免棱镜测距测程。同时,采用一定的技术措施,使免棱镜测距精度也有所提高。但同一台仪器,免棱镜测距精度仍然低于棱镜测距的精度。

1.4 电子补偿原理

当仪器的垂直轴有所倾斜时,电子传感器能即时感知倾斜的大小,并对观测值进行改正,从而保证测角的精度,这就是全站仪的自动补偿功能。全站仪的自动补偿功能分为单轴补偿、双轴补偿和三轴补偿三种。

1.4.1 单轴补偿

全站仪的自动补偿只能够补偿垂直轴倾斜时对垂直角观测的影响,这种补偿称为单轴补偿。在光学经纬仪上,这种补偿称为垂直度盘指标自动归零。一般将垂直轴的倾斜度分解为视准轴方向的分量和水平轴方向的分量。视准轴方向又称 X 轴方向,水平轴方向又称 Y 轴方向。X 轴方向的倾斜分量影响垂直角的观测,Y 轴方向的倾斜分量影响水平角的观测。所以,单轴补偿又称 X 轴补偿。

单轴电子补偿器常见的有电容式补偿器和磁性液体补偿器两种。以下以磁性液体补偿器为例说明电子补偿原理。

磁性液体补偿器原理如图 1.10 所示。玻璃管中装有管水准器,管水准器中的液体为磁性液体。检测线圈分别缠绕在玻璃管两端。当仪器水平时,气泡居中,离左右两端距离相等,两端检测线圈所感应的磁性液体相等,检测到的电动势也相等,此时输出为 0。当仪器的垂直轴倾斜时,气泡向一侧移动,两端检测线圈所感应的磁性液体不等,检测到的电动势也不等,此时有电势差输出。仪器的运算电路将电势差转换成倾斜度,进而计算垂直角的改正数,用以改正垂直角。

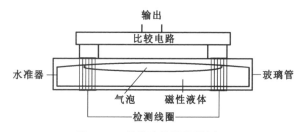

图 1.10　磁性液体补偿器原理

1.4.2　双轴补偿

如果全站仪的补偿器不仅能够补偿垂直轴倾斜对垂直角的影响,而且也能够补偿垂直轴倾斜对水平方向值的影响,即能同时对 X 轴和 Y 轴进行自动补偿,这种补偿称为双轴补偿。全站仪的双轴补偿大多采用液体电子补偿器。

液体电子双轴补偿器的原理如图 1.11 所示。图 1.11(a)的中间是一个普通的圆水准器,但底部是透明的玻璃,内盛乙醚乙醇混合液。圆水准器下面是一个准直透镜,其作用是将透镜下面发光二极管发出的发散光线变换成平行光线。平行光线将圆水准器的气泡影像投影到圆水准器上方的光电硅片上,光电硅片将接收的光信号转换成电信号输出。

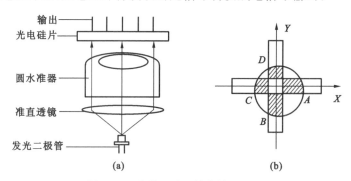

图 1.11　液体电子双轴补偿器原理

圆水准器内的气泡曲率半径很小,平行光线通过气泡时,除气泡中心很少光线透射外,大部分光线经气泡表面折射,不能到达光电硅片,从而形成气泡阴影。而没有气泡的地方,平行光线几乎全部通过液体,投影到光电硅片上。

光电硅片按 X 轴和 Y 轴方向设置成 4 个传感区,如图 1.11(b)所示。比较 A 区和 C 区的光电信号,就可以判断 X 轴方向是否存在倾斜以及倾斜的大小和方向,从而启动垂直角改正计算程序,计算改正数并改正垂直角;比较 B 区和 D 区的光电信号,就可以判断 Y 轴方向是否存在倾斜以及倾斜的大小和方向,从而启动水平角改正计算程序,计算改正数并改正水平角。

1.4.3　三轴补偿

三轴补偿实际上是采用电子传感器和内置软件既改正垂直轴误差对垂直角观测值的影响,又改正垂直轴误差、水平轴误差以及视准轴误差对水平角观测值的影响。全站仪设置三轴补偿的目的是降低全站仪的整平要求,提高垂直角和水平方向值的观测精度,简化观测程序,将过去需要正倒镜观测消除的轴系误差进行软件修正,提高单镜位观测的精度,以单镜位观测取代正倒镜观测。三轴补偿目前主要用于高端全站仪。

无论是单轴补偿、双轴补偿或三轴补偿,全站仪的自动补偿范围是有限度的,超过补偿范围,仪器会显示补偿超限。此时,应重新整平仪器。通常的自动补偿范围为 $\pm(3'\sim6')$。

本 章 小 结

(1) 全站仪是集电子、光学、机械于一体的精密测量仪器。目前正朝着自动化、便捷化、信息化、图形化、免棱镜方向发展。

(2) 全站仪的主要技术参数是决定全站仪品质的主要指标。其中重要技术参数直接影响观测成果的质量。

(3) 全站仪电子测角大多数采用绝对编码度盘加测微技术。

(4) 全站仪电子测距一般配有多把光尺,长尺决定测程,短尺决定测距精度。

(5) 全站仪的自动补偿范围是有限度的。在自动补偿范围内,三种补偿可以分别补偿不同的观测角度的误差。

习　题

1.1　简述全站仪的新功能、新技术。

1.2　全站仪分为哪几种类型? 各有什么特点?

1.3　全站仪的重要技术参数有哪些?

1.4　全站仪测距的标称精度怎么表示? 含义是什么?

1.5　全站仪工作框图由哪几部分组成?

1.6　在相位式测距中,测程与精度是什么样的关系?

1.7　分别说明单轴补偿、双轴补偿和三轴补偿的作用。

2 全站仪的使用

【学习目标】

1. 掌握全站仪的基本结构及功能；
2. 熟悉全站仪各种参数设置及作用；
3. 熟悉全站仪的各种使用要求。

【技能目标】

1. 能正确安置全站仪及棱镜；
2. 能对全站仪进行参数设置操作；
3. 能对全站仪进行角度测量、距离测量操作；
4. 能对全站仪进行坐标测量操作；
5. 能对全站仪进行文件管理操作。

2.1 全站仪的结构及安置

全站仪虽然品种繁多，但各种全站仪的外形结构差别不大。现以南方 NTS360 系列全站仪(图 2.1)为例，介绍全站仪的结构部件。

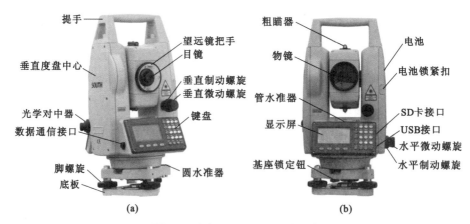

图 2.1 南方 NTS360 系列全站仪

(a) 斜正面图；(b) 正面图

同经纬仪一样，全站仪整体结构也是分为两大部分：基座和照准部。

照准部的望远镜可以在平面内和垂直面内作 360°的旋转，便于照准目标。为了精确照准目标，设置了水平制动、垂直制动、水平微动和垂直微动螺旋。全站仪的制动与微动螺旋在一起，外螺旋用于制动，内螺旋用于微动。望远镜上下的粗瞄器用于镜外粗照准。望远镜目镜端有目镜调焦螺旋和物镜调焦螺旋,用于获得清晰的目标影像。

显示屏用于显示观测结果和仪器工作状态,旁边的操作键和软键用于实现各种功能的操作。

基座用于仪器的整平和三脚架的连接。旋转脚螺旋可以改变仪器的水平状态,仪器的水平状态可以通过圆水准器和管水准器反映出来。圆水准器用于粗整平,管水准器用于精整平。

对中器是仪器的对中设备。电池为仪器供电,一般安置在垂直度盘的对面。电池可卸下充电,充好电后再装上。为了方便仪器的装卸,全站仪一般在照准部的上部设置了提手。

全站仪的合作目标分为单棱镜、三棱镜、微棱镜和反射片几种。三棱镜一般由基座与三脚架连接安置,适用远距离测量。单棱镜常用对中杆及支架安置。微棱镜用于狭小空间作业和短距离。反射片用于粘贴物体的被测部位。全站仪的合作目标如图 2.2 所示。

2.1　全站仪的结构认识

三棱镜　　　　单棱镜　　　　微棱镜　　　　反射片

图 2.2　全站仪的合作目标

用于单棱镜的对中杆及支架(图 2.3)比三脚架轻便,便于野外作业携带,在测距精度要求不高时,也可以卸下支架,手持对中杆作业。对中杆及支架均采用铝合金材料制造,对中杆可在 1.3～2.3 m 之间伸缩,支架的两脚也可在一定范围内伸缩,并采用握式锁紧机构锁定位置,便于不同场地快速设置目标。

在控制测量作业时,全站仪和反射棱镜都应在控制点上对中、整平。

全站仪的安置与经纬仪相同。

对中杆及支架的安置:先将对中杆底尖对准控制点点位中心,以合适的角度张开两支架脚,并用力踩紧。用左右手分别压住两握式锁紧机构,伸缩两支架脚,摇动对中杆,使圆水准器的气泡居中后,松手即可。安置对中杆时应注意控制对中杆的高度,并将棱镜对准全站仪方向。

棱镜也可以通过基座与三脚架连接。带三脚架的棱镜的安置与经纬仪的安置相同。

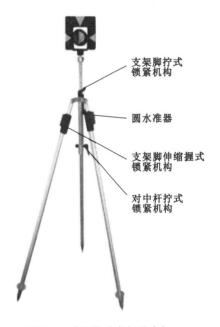

支架脚拧式锁紧机构

圆水准器

支架脚伸缩握式锁紧机构

对中杆拧式锁紧机构

图 2.3　单棱镜对中杆及支架

在碎部测量作业时,全站仪应在控制点上对中、整平,棱镜不必连接支架或三脚架严格对中、整平,可手持对中杆进行对中、整平操作。

2.2 棱镜的结构认识

2.3 三脚架的结构认识

2.2 全站仪的操作键及显示屏

全站仪使用时,除对中、整平、照准外,主要是键盘操作。认识键盘功能是熟练使用全站仪的基础。不同的全站仪,键盘布局、功能设置和显示符号都有些差别。早期的全站仪操作键较少,有的没有数字和字母键,不能直接输入数字和字母。现在的全站仪功能越来越多,操作键也就越来越多。除数字和字母键用于数字和字母的输入外,一般的操作键对应一种功能。有些操作键还对应多种功能,在不同的状态下,可以分别实现不同的功能。

2.2.1 南方 NTS360 系列全站仪操作键及显示屏介绍

南方 NTS360 系列全站仪操作键及显示屏如图 2.4 所示。

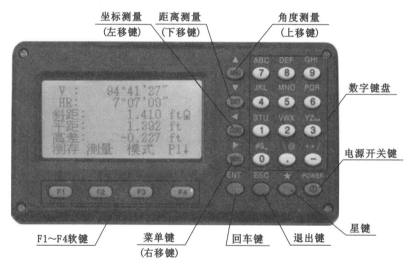

图 2.4 南方 NTS360 系列全站仪操作键及显示屏

2.2.1.1 显示屏

显示屏为 5 行数字显示,1 行功能软件显示。当前显示为测距状态下的测距结果。第一行为垂直度盘读数;第二行为水平度盘读数;第三行为距离观测值,右边显示电池电量;第四行显示平距;第五行显示高差。图中距离单位为英尺(ft)。

2.2.1.2 操作键

南方 NTS360 系列全站仪共有 24 个操作键。

● 软键 4 个:F1、F2、F3、F4,启动对应显示屏下方的软键功能。

- 数字、字母和符号键 12 个：用于输入操作。
- 电源开关键（POWER）：用于开关机。
- 星键：用于某些设置。
- 退出键（ESC）：退出当前工作状态。
- 回车键（ENT）：确认。

以下 4 个键兼有光标移动功能。

- 角度测量键（ANG）：进入角度测量状态。
- 距离测量键（DIST）：进入距离测量状态。
- 坐标测量键（CORD）：进入坐标测量状态。
- 菜单键（MENU）：显示菜单目录。

2.2.1.3　显示符号

南方 NTS360 系列全站仪显示符号及含义如表 2.1 所示。

表 2.1　南方 NTS360 系列全站仪显示符号及含义

显示符号	含　义	显示符号	含　义
V	天顶距	m	距离单位为米
V%	以坡度显示的垂直角	ft	距离单位为英尺
HR	水平角（右角）	fi	距离单位为英尺与英寸
HL	水平角（左角）	m/f/i	距离单位选择
HD	水平距离	PSM	棱镜常数
VD	高差	PPM	气象改正数
SD	斜距	T-P	温度、气压设置
N	X 坐标	hPa	气压单位为毫巴，1 hPa＝0.75 mmHg
E	Y 坐标	R/L	水平右角/左角选择
Z	高程	*	测距正在进行
dHD	放样时的平距差值	NE/AZ	后视坐标/后视方位角选择
dZ	放样时的高程差值	P1、P2	页面符号

2.2.2　科力达 KTS440 系列全站仪操作键及显示屏介绍

科力达 KTS440 系列全站仪如图 2.5 所示。

2.2.2.1　显示屏

显示屏为 5 行数字显示，1 行功能软件显示。显示屏左上方显示当前工作模式为测量模式。在测量模式下，角度测量为常态，显示屏主窗口显示当前望远镜照准目标的水平角和垂直角。显示屏下方有 4 个功能软键，通过对应的功能键 F1、F2、F3、F4 进入，例如，距离测量、坐标测量和程序测量，等等。

显示屏的右上方显示仪器已经设置的棱镜常数（PC）、气象改正数（PPM）和电池电量水平。右下方的 P1 表示当前显示功能软键为第一页，按换页键，可查看第二页（P2）、第三页

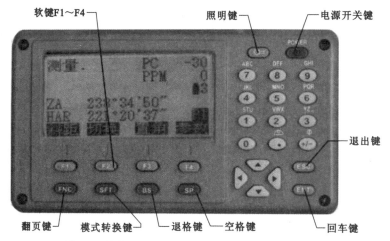

图 2.5　科力达 KTS440 系列全站仪操作键及显示屏

(P3)的软键功能。

2.2.2.2　操作键

控制面板上共有 28 个按键,其功能如下:

- POWER　电源开关键,按此键开机,长按此键关机。
- 照明键　打开或关闭显示屏照明。
- F 软键(4 个)　进入各种对应的功能状态。
- 数字、字母输入键(12 个)　用于数字和字母输入。第一功能用于数字输入,第二功能用于字母输入。其中,小数点的第二功能为电子水准器显示;正负号的第二功能为返回测距信号强度检测。
- ESC　取消前一操作,或返回状态模式。
- FNC　功能软键的换页键。
- SFT　打开或关闭第二功能。
- BS　删除左边一空格。
- SP　输入一空格。
- ENT　确认输入,或存入该行数据并换行。
- 光标移动键(4 个)　用于光标上下左右移动。

2.2.2.3　显示符号

在测量模式下,显示屏显示的符号及含义如表 2.2 所示。

表 2.2　科力达 KTS440 系列全站仪常见显示符号及含义

显示符号	含义	显示符号	含义	显示符号	含义
PC	棱镜常数	S	斜距	HAh	水平角锁定
PPM	气象改正数	H	平距	⊥	倾斜补偿有效
ZA	天顶距	V	高差	N	X 坐标
VA	垂直角	HAR	水平角(右角)	E	Y 坐标
%	坡度	HAL	水平角(左角)	Z	高程

2.2.3 瑞得 RTS850 系列全站仪操作键及显示屏介绍

瑞得 RTS850 系列全站仪操作键及显示屏如图 2.6 所示。

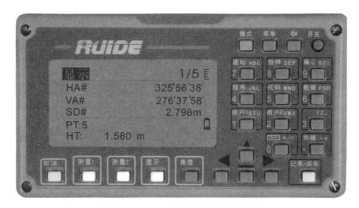

图 2.6　瑞得 RTS850 系列全站仪操作键及显示屏

2.2.3.1 显示屏

瑞得 RTS850 系列全站仪显示屏为 6 行数字显示,没有设置软键。第一行左侧的"显示",表示当前为显示测量结果状态;右侧的"1/5",表示本显示页是 5 页中的第 1 页。第二行显示水平角。第三行显示垂直角。第四行显示斜距。第五行左侧显示观测目标的点号,右侧显示电池电量。第六行显示目标高。

2.2.3.2 操作键

瑞得 RTS850 系列全站仪有 25 个操作键。

- 开关键:电源开关。
- 照明键:背景照明开关。
- 菜单键:显示功能菜单。
- 模式键:改变输入键的模式,即数字/字母;在基本测量时调用快速代码。
- 记录/回车键:接受输入或记录数据;在基本测量时按此键 1 秒钟,选择数据存储类型。
- 取消键:返回上一屏幕,或取消输入数据。
- 测量 1 键:按该键设置的模式进行测量。按此键 1 秒钟,可查看或修改测量模式。
- 测量 2 键:功能同测量 1 键。
- 显示键:换屏显示键。按此键 1 秒钟,可进行客户化项目设置。
- 角度键:显示测角菜单。
- 建站键:显示建站菜单;用于输入数字 7,输入字母 A、B、C。
- 放样键:显示放样菜单;按此键 1 秒钟,显示放样与有关的设置;用于输入数字 8,输入字母 D、E、F。
- 偏心键:显示偏心测量菜单;用于输入数字 9,输入字母 G、H、I。
- 程序键:显示程序测量菜单;用于输入数字 4,输入字母 J、K、L。
- 代码键:打开代码输入窗口;用于输入数字 5,输入字母 M、N、O。
- 数据键:显示设定的某种类型数据;用于输入数字 6,输入字母 P、Q、R。
- 用户 1 键:执行赋予该键的测量功能;用于输入数字 1,输入字母 S、T、U。

- 用户 2 键:执行赋予该键的测量功能;用于输入数字 2,输入字母 V、W、X。
- 3 键:用于输入数字 3,输入字母 Y、Z 及空格。
- 热键:显示热键菜单;用于输入－、＋、。
- 0 键:显示电子气泡指示;用于输入 ＊、/、＝、0。
- 光标移动键 4 个。

2.2.3.3 显示符号

瑞得 RTS850 系列全站仪常见显示符号及含义如表 2.3 所示。

表 2.3 瑞得 RTS850 系列全站仪常见显示符号及含义

显示符号	含　义	显示符号	含　义
HA	水平角(右角)	ST	测站
HL	水平角(左角)	PT	测点
VA	垂直角	HT	目标高
V%	垂直角(坡度)	HI	仪器高
AZ	方位角	CD	编码
SD	斜距	N	X 坐标
HD	平距	E	Y 坐标
VD	高差	Z	高程
dHA	水平角差	dN	X 坐标差
dVA	垂直角差	dE	Y 坐标差
dSD	斜距差	dZ	高程差
BS	后视点	F1	盘左
PS	前视点	F2	盘右

2.3　全站仪角度测量

大多数全站仪开机后的默认状态为角度测量状态。在其他工作模式状态下,按"ESC"键或多次按"ESC"键可以返回角度测量状态。如果有单独的"测角(ANG)"键(如南方全站仪),在基本测量状态下直接按"测角"键可进入角度测量状态。在角度测量状态下,角度观测的结果显示出来,不需要按键操作,为即时显示。无论望远镜是在旋转,还是静止,显示屏总是显示当前望远镜照准目标的水平角和垂直角。

2.3.1　角度测量的相关设置

(1)水平角格式选择:水平右角和水平左角。前者是由水平度盘 0 方向顺时针旋转到当前水平方向的角度;后者是由水平度盘 0 方向逆时针旋转到当前水平方向的角度。水平角格式通常选择水平右角。

（2）垂直角格式选择：天顶零（天顶距）、水平零、水平零±90（垂直角）和坡度（V％）。天顶零就是天顶距，与光学经纬仪读数的含义相同；水平零是指照准方向完全水平时显示0，逆时针旋转增加，角度显示范围为0°～360°；水平零±90就是测量学中定义的垂直角，以水平视线为0，向上为正，向下为负，角度显示范围为－90°～＋90°；坡度（V％）是以百分比的形式显示垂直角，即该垂直角以百分数表示的正切值。垂直角格式通常选择天顶零（天顶距）或水平零±90（垂直角）。有的全站仪垂直角格式可能没有水平零的选择。

（3）角度最小值选择：1″和5″。测角精度为2″的全站仪，角度最小值一般选择1″。

（4）角度单位选择：DEG（360度制）、GON（400度制）和MIL（密位制）。角度单位通常选择DEG（360度制）。

（5）自动补偿功能选择：关/单轴补偿/双轴补偿。

（6）工作文件的选择：为观测数据指定记录文件。

2.3.2 角度测量的相关功能

在角度测量状态下，可能用到下列操作功能：

（1）水平角置零 通过软键"置零"，将当前水平角读数设置为0。

（2）水平角置角 通过软键"置角"，将当前水平角读数设置为任意值。此项功能有的全站仪称为"输入"。

（3）水平角锁定与解锁 通过软键"锁角"，将当前水平角读数锁定（照准部旋转，水平角读数不变）；再按软键"锁角"，解除水平角读数锁定。此项功能有的全站仪称为"保持"。

2.4 测回法水平角观测

（4）水平角复测 通过软键"复测"，进入水平角复测程序测量状态。有的全站仪通过菜单选择进入水平角复测状态。

水平角复测用于对某两个方向的水平角进行多次观测，最后取平均值。按"取消"键返回上一操作界面；按"回车"键记录结果，并返回上一操作界面。

（5）F1/F2功能 即用盘左（F1）、盘右（F2）观测同一目标，最后取平均值。有的全站仪有此项功能。

全站仪角度测量照准目标的操作与经纬仪相同。

2.5 测回法垂直角观测

全站仪角度测量状态，因为不需要启动测距系统，故耗电低。全站仪在既不关机又不工作的时候，最好置于角度测量状态，利于节约用电。

2.4 全站仪距离测量

2.4.1 距离测量的相关设置

全站仪测距时，需要对仪器进行一些设置和选择，而这些设置和选择会直接影响距离观测结果。如果不改变这些设置，仪器将沿用上一次的设置。在测距精度要求较高时，或初次使用仪器时，应全面检查仪器的各种参数设置，保证这些设置的正确性。

全站仪的测距设置一般在参数设置模式下进行，但有的设置也可以在测量模式下进行。

不同的仪器,其操作过程稍有差别。

(1) 距离单位选择:m(米)和 ft(英尺)。一般选择 m(米)。

(2) 温度单位选择:℃(摄氏度)和℉(华氏度)。一般选择℃(摄氏度)。

(3) 气压单位选择:hPa(毫巴)、mmHg(毫米汞柱)和 inHg(英寸汞柱)。一般根据所用气压计的单位选择。

(4) 测程选择:有的全站仪设有测程选择,在普通红外光时测程为 1～2 km,选择激光测距时,测程可达 5 km。当所测距离超过普通红外光测距测程时,可选择激光测距。选择激光测距,会增大对人体伤害的风险,也会增大电池的功耗。

(5) 比例尺设定:比例尺设定用于对观测距离进行不同高程面的投影化算。取值范围一般在 0.990000～1.010000 之间,在测区高程较大的时候使用。低海拔地区一般可选择 1.000000。此项设定有的全站仪称为网格因子设定。

(6) 球气差改正选择:关/0.14/0.20。球气差改正是对两点间的观测高差进行地球曲率改正和垂直大气折光改正。地球曲率改正按平均地球半径 6370 km 计算,垂直大气折光改正按所选垂直折光系数 0.14 或 0.20 计算。一般地区、季节和时段选择 0.14,垂直折光较大的地区、季节和时段选择 0.20。球气差改正选择不会对斜距和平距产生影响。

(7) 合作目标选择:全站仪的合作目标可选棱镜、微棱镜、反射片或免棱镜。在免棱镜状态下,禁止照准棱镜或反射片进行距离测量。

(8) 棱镜常数设定:按选定的棱镜输入棱镜常数。棱镜常数是指棱镜等效反射中心与棱镜杆中心在测程上的差值。棱镜常数由仪器生产商提供。不同型号和品牌的棱镜,棱镜常数可能不一样。棱镜常数常用 PC 表示,也有的用 PSM 表示。

(9) 仪器常数设定:仪器常数是指仪器红外光等效发射点与仪器对中器中心不一致产生的距离差值。仪器常数在出厂时经严格测定并设定好,用户一般情况下不要更改此项设定,除非经专业检测机构在标准基线场测定了新的仪器常数。

(10) 气象改正数设定:全站仪发射红外光的光速随大气的温度和气压不同而改变,因此需要根据观测时的温度和气压对观测距离进行气象改正。可以在观测时输入当时的温度和大气压值,仪器自动对测距结果进行气象改正。也可以将温度和大气压值代入公式,计算出每公里距离的气象改正数(PPM,以 mm 为单位),然后在仪器中输入 PPM 的值,仪器同样自动对测距结果进行气象改正。但这两种方法只有一种有效。当输入温度和大气压值后,气象改正数 PPM 的值自动计算并显示。当气象改正数 PPM 的值直接输入时,温度和大气压的值将自动清零。

全站仪操作手册上一般会给出仪器的气象改正计算公式。实际上,气象改正还与测距光波的波长有关。不同品牌的全站仪,其红外光的波长不尽相同,因而气象改正公式中的常数和系数不一样。

对于波长 $\lambda = 0.8300\ \mu m$ 的全站仪,当标准气象条件(即气象改正值为零的气象条件)为:$T = 20\ ℃,P = 1013\ hPa$ 时,其他气象条件下气象改正值为:

$$PPM = 273.8 - \frac{0.2900P}{1 + 0.00366T}$$

式中:温度 T 的单位为℃;大气压 P 的单位为 hPa(1 hPa＝0.75 mmHg)。

有的全站仪还有气象改正开关的选择:开/关。如果选择气象改正关,即使已经输入了气象改正数 PPM 的值,仪器也不会对观测距离进行气象改正计算。

(11)测距模式选择:一般的全站仪可选择的测距模式有跟踪测量、连续精测、N 次精测和单次精测。跟踪测量用于运动目标以等间隔的时间连续测距,测距精度低于精测;连续精测用于对观测目标多次精测取平均值;N 次精测模式下可以选择精测次数,N 可选择 1~5 次,有的仪器可选择 1~9 次;单次精测就是精测 1 次。全站仪的测距精度比较高,大多数情况下,单次精测的精度足够了。

(12)工作文件选择:为观测数据指定一个记录文件。

(13)有的全站仪设有记录方式选择:回车记录/自动记录/仅测量。

2.4.2　距离测量的相关功能

在距离测量状态下,可能用到下列操作功能:

(1)返回测距信号检测　用于检查返回测距信号的强弱。当测程特近或特远时,或在特殊气象条件下,可能用到此项功能。

(2)测距键　启动测距动作。有的全站仪称为"测量"键。在测量模式下,按测距键,仪器进入测距状态,按当前设定的模式进行测距,并按相关设置进行改正计算,最后显示改正后的观测值。观测结果的显示有多种选择,可通过换页键切换查看。

距离观测值有三种显示形式:斜距(S、SD)、平距(H、HD)和高差(V、VD)。注意,这里的高差是指三角高程中的初算高差,即以斜距(斜边)和平距(直角边)构成的直角三角形的另一个直角边,而不是测站点与目标点之间的真正高差。

(3)放样键　有的全站仪在距离测量状态下,可进行极坐标法放样。按"放样"软键,进入极坐标放样状态,出现放样方向和放样距离的输入界面。输入放样数据后,仪器显示当前方向与放样方向的差值;当照准棱镜进行测量后,还显示当前棱镜距离与放样距离的差值。根据方向差值和距离差值,移动棱镜位置并进行测量,直至两项差值均为零即可。

(4)偏心键　有的全站仪在距离测量状态下,可进行偏心测量。按"偏心"软键,进入偏心测量状态,在出现的偏心参数输入界面,输入偏心参数后,照准棱镜进行测量,仪器显示至偏心点的距离,而非至棱镜的距离。

有关放样和偏心测量的具体操作见第 3 章全站仪程序测量的相关内容。

全站仪距离测量分为两种情况:控制测量中的距离测量和碎部测量中的距离测量。控制测量中的距离测量一般精度要求比较高,应严格检查有关测距的各种参数的设置是否正确,应精密对中、整平仪器,反射棱镜应安置在三脚架或对中支架上,且精密对中、整平,测距模式应选择单次精测或多次精测,对测距有毫米级的影响因素都不能忽略。在数字测图或断面测量中,距离测量的精度要求一般不高(根据不同的比例尺,精度要求也不一样),厘米级的影响因素也可以忽略,观测时可以手持棱镜杆对中、整平,不必选择多次精测的测距模式,气象改正可开可不开。

2.6　距离观测

2.5　全站仪坐标测量

全站仪坐标测量是测定目标点的三维坐标(X,Y,H)。实际上直接观测值仍然是水平角、垂直角和斜距，通过直接观测值，计算测站点与目标点之间的坐标增量和高差，加到测站点已知坐标和已知高程上，最后显示目标点三维坐标。计算坐标增量时以当前水平角为方位角。全站仪坐标测量主要用于碎部点数据采集中。

全站仪坐标测量的操作步骤如下：

（1）安置仪器并检查相关设置。全站仪坐标测量中包含水平角观测、垂直角观测和距离观测，故有关角度测量的设置和距离测量的设置对坐标测量会产生影响。坐标测量前应检查相关设置。

（2）在测量模式下，按"CORD"键或"坐标"软键进入坐标测量状态。进入坐标测量状态，会有三项或更多的选择：测站点设置/后视点设置/测量/……

测站点设置就是设置仪器当前测站点的坐标和高程。这是计算目标点三维坐标的基础。

后视点设置就是将当前的水平度盘设置成方位角方向。这是计算测站点至目标点坐标增量的基础。

测量就是进行目标点的坐标测量，显示测量结果。

瑞得全站仪设有专门的"建站"键，就是用于坐标测量的测站设置。

（3）测站点设置。选择测站点设置，进入测站点设置状态。测站点设置通常有两种方式：按"输入"键，直接输入测站点坐标和高程；按"调用"键，选择仪器已存有的测站点坐标和高程数据。

如果不进行测站点设置，直接进入坐标测量，仪器将默认上一次输入的测站点坐标和高程为当前测站点数据。如果没有上一次输入的数据，仪器将测站点坐标和高程均视为零。

测站点设置时还应输入仪器高。仪器高用于高差计算。

（4）后视点设置。选择后视点设置，进入后视点设置状态。有的仪器在测站点设置回车后直接进入后视点设置状态。后视点设置通常有两种方式：坐标方式、角度方式。选择坐标方式后，再选择是直接输入坐标还是调用已存坐标，具体操作同测站点设置。选择角度方式后，可直接输入后视方向的方位角。此时，仪器会提醒观测者照准后视点，确认后完成后视点的设置。

后视点设置的目的就是使仪器当前照准方向的水平度盘读数与地面上测站点和目标点构成的方位角一致，为仪器在坐标测量的计算中提供实时的方位角。后视点选择角度方式时，相当于对水平度盘置角；选择坐标方式时，仪器根据测站点坐标和后视点坐标反算方位角，并以此配置当前水平度盘。

如果不进行后视点设置，直接进入坐标测量，仪器将当前水平角默认为方位角，并以此计算目标点的坐标。

（5）后视点观测。后视点设置完成后，可以观测后视点一次，也可以不观测。

观测后视点，会显示后视点的观测结果。观测后视点有检查的功能：当观测的坐标和高程与已知的坐标和高程相差甚微时,表明测站设置无错误。否则,应检查测站点、后视点点号、数据输入的正确性。

用观测后视点来检查测站设置,不能发现方位角的错误。全站仪坐标测量测站设置的严格检查应在第三个已知点上进行。

(6)测站设置检查。将照准目标安置在第三个已知点上,在坐标测量状态下测量该点的坐标和高程。当观测的坐标和高程与已知的坐标和高程相差甚微时,表明测站设置无错误。否则,应检查测站点、后视点点号、数据输入的正确性。

坐标测量的结果只有在测站设置正确的状态下才是有用的,否则全是错的。

(7)选择工作文件。为观测数据指定一个记录文件。具体操作见2.7节全站仪文件管理。

(8)坐标测量。当测站设置无误时,就可以进行目标点的坐标测量。选择"测量"键进入坐标测量状态。

在目标点安置棱镜(合作目标为棱镜时),将望远镜照准棱镜中心。按"测量"键,仪器启动"坐标测量"并显示结果。

在记录前,需要输入未知点点号、棱镜高、编码。

如果不输入点号,仪器自动按数字顺序在前一点号的基础上加1记录。

如果不输入棱镜高,仪器自动按前一点的棱镜高计算。

编码是观测者赋予目标点的一个属性注记,作为观测数据的组成部分,与观测值一起被记录存储于工作文件中,可以不输入编码。如果不输入,则该数据处为空白。

在碎部点数据采集中,对碎部点精度要求不是很高,通常以手持对中杆来保持棱镜的对中、整平,这样会使测量效率提高很多。

(9)中间和结束检查。进行坐标测量时,不仅要检查测站设置是否正确,测量过程中和测量结束时还应检查水平度盘读数是否正确。通常是在测站设置完成后,选择一明显标志(如避雷针、电杆等),记录其水平度盘读数。在测量过程中或测量结束时,再观测其水平度盘读数,比较变化情况,判断仪器水平度盘是否变动,确保观测数据的可靠性。

需要指出的是,全站仪坐标测量是单镜位(一般为盘左)观测的结果,其中高程中包含指标差的影响。当仪器的指标差过大时,对远距离的坐标测量,必然引起较大的高程误差。打开双轴补偿,只能补偿垂直轴倾斜造成的影响,而不能改变指标差的大小。所以,一般在数据采集之前,需要进行垂直度盘指标零点的检校。

2.7　全站仪的三维坐标测量

2.6　全站仪的工作模式结构

2.6.1　全站仪的工作模式

普通全站仪的工作模式分为基本测量模式、程序测量模式、参数设置模式、文件管理模式和仪器检校模式。

基本测量模式一般为仪器开机的默认工作模式。在基本测量模式下,可以进行角度测量、距离测量和坐标测量(有的仪器将坐标测量划入程序测量)。

程序测量模式可在基本测量模式下通过按键或菜单选择进入。在程序测量模式下,可以进行悬高测量、对边测量、后方交会测量、面积测量、偏心测量、放样测量、道路测设等。不同的仪器,程序测量的内容稍有差别。随着全站仪的不断发展,程序测量的内容将更加丰富和完善。

全站仪在使用过程中,涉及许多参数的选择和设置。查看和改变这些设置大多数情况下需要在参数设置模式下进行。在基本测量模式下通过按键或菜单选择可进入参数设置模式。

全站仪使用过程中常需要用到已知点坐标,为了现场使用方便需要将这些已知点坐标预先传入仪器的内存(内部存储器的简称),观测的数据需要以文件的形式记录下来,记录的数据需要传输到计算机上进行数据处理,有时现场需要查阅或修改已知数据或观测数据等。全站仪的这些操作一般在文件管理模式下进行。在基本测量模式下通过按键或菜单选择可进入文件管理模式。

在全站仪的许多检校项目中,有些项目不需要特别的设备和场地,在一般的条件下,通过对仪器的简单操作即可完成。仪器将这些项目的操作程序固化到内存。启动这些程序就可以进行仪器的相关检校。仪器检校模式与程序测量模式差不多,只不过程序测量往往是为了得到某种观测结果,而仪器检校则是为了减少仪器误差,提高观测精度。在基本测量模式下通过按键或菜单选择可进入仪器检校模式。

2.6.2　南方 NTS360 系列全站仪的工作模式结构

南方 NTS360 系列全站仪的基本测量模式主要由键盘和软键直接操作。除了少数设置功能(如按星键可进行测距的一些设置)外,其他的工作模式都是通过"菜单"键进入的。南方 NTS360 系列全站仪的菜单结构见表 2.4。

表 2.4　南方 NTS360 系列全站仪的菜单结构

页面	一级菜单	页面	二级菜单
P1	数据采集	P1	设置测站点
			设置后视点
			测量点
		P2	选择文件
			数据采集设置
	放样	P1	设置测站点
			设置后视点
			设置放样点
		P2	极坐标法
			后方交会法
			格网因子

页面	一级菜单	页面	二级菜单
P1	存储管理	P1	文件维护
			数据传输
			文件导入
			文件导出
			参数初始化
	程序	P1	悬高测量
			对边测量
			Z 坐标测量
			面积
			点到直线测量
			道路
	参数设置	P1	单位设置
			模式设置
			其他设置
P2	校正	P1	指标差校正
			视准差校正
			横轴误差设置
			误差显示
	修改仪器常数	P1	加常数
			乘常数
	选择编码数据文件	—	—
	格网因子	—	—

2.6.3　科力达 KTS440 系列全站仪的工作模式结构

科力达 KTS440 系列全站仪的操作,除了面板操作键外,大部分功能依靠屏幕下方的软键操作。仪器共设置了 22 项软件功能,在测量模式下,分 3 页可显示 12 项软件功能。仪器出厂时默认的 12 项软件功能分别是:

第一页　"斜距"、"切换"、"置角"、"参数";

第二页　"置零"、"坐标"、"放样"、"记录";

第三页　"对边"、"后交"、"菜单"、"仪高"。

用户可以根据自己的使用需要,在 22 项功能中选择 12 项自行设置于各页面。

科力达 KTS440 系列全站仪的"菜单"软键实际上是程序测量的入口,菜单包含 8 个程序测量项目:

(1) 坐标测量;

(2) 放样;

(3) 偏心测量;

(4) 对边测量;

(5) 悬高测量;

(6) 后方交会;

(7) 角度复测;

(8) 面积计算。

这些程序测量项目又都对应有独立的功能软键可供选择。如"坐标"软键的功能与"菜单"软键下的"坐标测量"功能相同。

科力达 KTS440 系列全站仪的主要工作模式是测量模式、设置模式和存储管理模式,在状态模式下,选择"测量"进入测量模式,选择"内存"进入存储管理模式,选择"配置"进入设置模式。在这些模式下,按"ESC"键都可以返回状态模式。开机的默认模式为测量模式。

科力达 KTS440 系列全站仪的工作模式结构如图 2.7 所示。

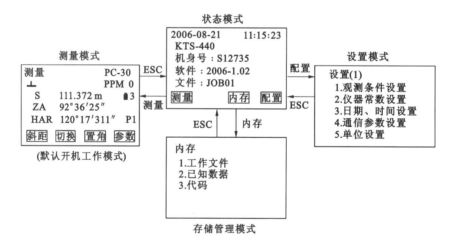

图 2.7 科力达 KTS440 系列全站仪的工作模式结构

科力达 KTS440 系列全站仪只设置了一个检校项目:垂直度盘指标差检校。该检校项目在设置模式下的"仪器常数设置"中选择"垂直角零基准设置"进行,具体操作见第 4 章相关内容。

2.6.4 瑞得 RTS850 系列全站仪的工作模式结构

瑞得 RTS850 系列全站仪的工作模式主要由面板操作键控制。除基本测量外,主要操作键功能见表 2.5。

表 2.5　瑞得 RTS850 系列全站仪主要操作键功能

操作键	功能菜单	功能说明
建站	1. 已知	用已知坐标建站
	2. 后方交会	用后方交会建站
	3. 快速	快速建站
	4. 高程传递	用高程传递确定测站点高程
	5. 后视检查	用于测量过程中或测量结束时的方向检查
放样	1. 角度距离	按极坐标法进行点位放样
	2. 坐标放样	按直角坐标法进行点位放样
	3. 分割线	放样定长线段等间隔分割点
	4. 参考线	放样基于任意已知直线的偏距点
偏心	1. 距离偏心	用于距离偏心测量
	2. 角度偏心	用于角度偏心测量
	3. 棱镜杆	用于测量两棱镜连线方向上的隐蔽点
	4. +HA 定线	用于测量两棱镜连线方向上第 3 个等坡点
	5. 输入平距	用于测量特近距离的点(输入平距)
	6. 计算角点	用于不易安置或到达的直角点的测量
	7. 圆柱偏心	用于圆柱体建筑物的中心测量
	8. 输入 dSD	用于棱镜方向上棱镜前后某个间距点的测量
程序	1. 两点参考线	测量目标点相对某已知直线的空间位置
	2. 参考圆弧	测量目标点相对某已知圆弧线的空间位置
	3. 对边/射线	测量两点之间的相对量(相对第 1 点)
	4. 对边/折线	测量两点之间的相对量(相对前 1 点)
	5. 悬高测量	测量目标点上下方某点相对地面的高度
	6. V-平面	计算照准方向与已知垂直面的交点位置
	7. S-平面	计算照准方向与已知斜面的交点位置
	8. 道路	用于道路定线测量和道路放样
代码		用于代码输入
数据		快速查看当前项目中的数据
用户 1		自定义功能键 1,可为此键指定某项功能

续表 2.5

操作键	功能菜单	功 能 说 明
用户 2		自定义功能键 2,可为此键指定某项功能
菜单	1. 项目	进行项目(文件)管理的操作
	2. 计算	进行某些计算
	3. 设置	进行各种参数、格式、单位和功能的设置
	4. 数据	对测量数据和坐标数据进行查询、修改和删除
	5. 通信	在计算机与仪器之间进行数据传输
	6.1 秒键	用于 1 秒键的某些设置
	7. 校准	进入检校模式,选择检校项目进行检校
	8. 时间	用于日期、时间的设置
	9. 格式化	可选择删除所有数据、删除所有文件和初始化
	10. 信息	显示仪器型号、机身号和软件版本号
模式		用于切换数字/字母输入模式,或调用快速代码模式
热键	1. 输入目标高	输入目标高
	2. 温度、气压	输入温度、气压
	3. 目标	用于设置目标集和选择目标集
	4. 注记	可以输入作业说明,与观测数据一起被记录

从以上的介绍中可以看出,南方 NTS360 系列全站仪除基本测量外的大部分功能由菜单控制,可以说属于菜单型工作模式结构;科力达 KTS440 系列全站仪设有专门的模式转换路径,可以说属于模式型工作模式结构;瑞得 RTS850 系列全站仪主要由操作键盘启动各种功能,可以说属于键盘型工作模式结构。这三种全站仪在目前普通全站仪的产品中具有一定的代表性。

2.7 全站仪文件管理

全站仪的已知数据和观测数据分别以文件形式存入仪器的内存。已知数据文件称为坐标文件,观测数据文件称为工作文件。野外观测时,需要用到已知数据,需要对观测值指定一个记录文件。有时需要对文件中的数据进行查阅、修改或删除。数据文件还需要与计算机交换。这些都属于全站仪的文件管理。

全站仪的文件管理有的仪器是在内存管理,或在存储管理的模式下进行,也有的仪器是在菜单中的"项目"和"数据"条下进行。

2.7.1　坐标文件传输

坐标文件传输是指将计算机中的坐标数据文件传入到全站仪的内存中。坐标文件传输必须在专用的软件中进行,必须正确设置通信参数,且坐标数据的格式与仪器的设定一致。

（1）进入通信参数设置状态,设置通信参数。

进入通信参数设置状态,选择"通信参数设置",设置通信参数。

通信参数通常包括以下内容:

① 波特率　有多种波特率供选择。

② 数据位　8/7,一般选择 8。

③ 奇偶校检　有无校检、奇校检、偶校检,一般选择无校检。

（2）打开计算机,进入数据传输界面,用数据通信电缆将仪器与计算机连接。

（3）在全站仪上操作,选择按键进入数据通信状态,并选择"接收数据"。在出现的界面中输入拟传输的数据文件名,按"确定"键后,开始数据传输。如果设置正确,此时显示屏会显示接收数据的状态。

2.7.2　工作文件传输

工作文件传输是将全站仪记录的观测数据文件传输到计算机中。工作文件传输必须启动计算机中的专用软件,必须正确设置通信参数。

（1）通信参数设置。

（2）打开计算机,进入数据传输界面,用数据通信电缆将仪器与计算机连接。

（3）在全站仪上操作,选择按键进入数据通信状态,并选择"发送数据"。在出现的界面中输入拟传输的数据文件名,按"确定"键后,开始数据传输。如果设置正确,此时显示屏会显示发送数据的状态。

现在的全站仪基本都设置了 SD 卡接口和 USB 接口,数据传输就可以通过 SD 卡或 U 盘直接读取,不需要专用软件。但坐标数据导入时,其数据格式必须与仪器的要求一致,否则仪器无法读取坐标数据。观测数据可以存储在内存中,也可以直接存储在 SD 卡上。存储在内存的数据可以借助 SD 卡传输到计算机。

2.8　全站仪数据传输-COM口　　2.9　全站仪数据传输-SD卡　　2.10　全站仪数据传输-USB口

2.7.3　工作文件的管理

工作文件,又称记录文件、测量文件,是指用于记录观测数据的文件。

2.7.3.1　选择或新建一个当前工作文件

由于内存文件较多,需要确定将观测的数据记录在哪里,需要在观测前选择一个既有文件,或新建一个工作文件。

选择或新建一个当前工作文件,不同的仪器操作不一样:

南方 NTS360 系列全站仪,点击"菜单"下的"数据采集"或"放样"后,会出现一个选择工作文件的界面。如果要新建一个工作文件,直接输入新文件名,回车即新建一个工作文件。如果选择一个既有工作文件,点击软键"调用",在出现的文件目录中,移动光标选择一个既有工作文件,回车即可。

另外,在"菜单"下的"存储管理"下的"文件维护"中,选择一种文件类型,再选择磁盘,回车即可见该磁盘的文件目录。按屏幕下方软键"新建",再选择文件类型,输入文件名,回车确认,即新建一个文件。

科力达 KTS440 系列全站仪,在内存中固定了 24 个文件,系统分别命名为 JOB1、JOB2、…、JOB24。所以,不能直接新建文件。但可以选择一个未使用的文件,并可以重新命名。如果没有未使用的文件,也可以删除一个已经输出数据的文件。删除已经输出数据的文件只是删除文件中的数据,文件依然存在,删除数据后文件恢复原来系统的命名。在内存管理状态下,选择"工作文件"之下"选取",可以选择一个既有文件;按"编辑"可更改所选工作文件的名称;选择"工作文件"之下"删除",可以删除一个既有文件的数据。但未经输出的工作文件不接受删除操作。

瑞得 RTS850 系列全站仪,将文件称为项目。在"菜单"中的"项目"下选择一个项目,按回车键即选择了一个当前工作项目。要新建一个项目则按"创建"键,输入项目名,则新建一个项目。

2.7.3.2　工作文件数据的查阅和修改

南方 NTS360 系列全站仪,工作文件的数据查阅在"菜单"下的"存储管理"中,选择"测量文件",再选择磁盘,回车;在出现的文件目录中,选择文件名,回车;在出现的点号目录中选择点号,回车,即显示该点的记录数据。可以按屏幕下方软键"编辑"对该记录数据的点号、编码、仪器高和目标高进行修改,但观测值不接受修改操作。可以删除该点记录数据。在数据采集模式下,可以直接按屏幕下方软键"查找"查询已记录观测数据。

科力达 KTS440 系列全站仪,可以直接按"查阅"软键,查阅当前工作文件的数据,但不能修改。也可以在记录模式下,查阅工作文件数据。

瑞得 RTS850 系列全站仪,在"菜单"下的"数据"中,选择"原始数据",在原始数据列表中选择某个数据,则显示该数据的详细信息。可对数据进行修改和删除操作。

2.7.4　坐标文件的管理

坐标文件是指已知数据文件,用于全站仪在设置测站、后方交会、放样等工作时读取坐标。

2.7.4.1　指定一个读取数据的坐标文件

全站仪作业过程中需要用到已存入内存器的已知点坐标,例如,测站点坐标、后视点坐标、放样点坐标,等等。为此需要为仪器指定一个读取坐标数据的坐标文件。

南方 NTS360 系列全站仪,在"菜单"下的"数据采集"中,选择"选择文件",此时显示既有文件目录。移动光标选择一个坐标文件,回车确定即可。

科力达 KTS440 系列全站仪,在设置模式下的"观测条件设置"中,选择"读取坐标工作文件",进行指定坐标文件选择。

瑞得 RTS850 系列全站仪,称读取数据的坐标文件为"控制项目",在"菜单"下的"项目"中,选择某个项目,按"控制"软键即可。

2.7.4.2　输入坐标

可以通过操作键对坐标文件增加坐标数据,即输入坐标。

2.7.4.3　坐标文件数据的查阅和删除

可以查阅坐标文件的坐标数据,删除指定坐标数据或全部坐标数据。

此外,在文件管理中还可以对代码文件或数据文件中的代码进行查阅、输入和删除的操作。

2.8　全站仪的使用要求

全站仪属于贵重精密测量仪器,又常在野外露天作业,故使用中应十分注意仪器的保养和保护。正确的使用方法不仅有利于取得良好的观测成果,而且有利于延长仪器的使用寿命。在仪器的使用过程中,应注意下列要求:

(1) 全站仪在长途搬运过程中要注意防震防潮,一般不得交由托运公司托运,应由测量人员随身携带。强烈的震动和潮湿都会影响仪器的正常使用。

(2) 全站仪在作业中,从一个测站搬往另一个测站时,一般应装箱搬运。只有当搬运距离较短,且道路平坦时,方可直接搬运。直接搬运前应检查仪器连接是否牢固,照准部是否制动。直接搬运应采用骑肩式搬运,以肩插入三脚架下方顶起三脚架,左右手分别握住前后脚架。观测者个子矮小时,仪器上肩前应缩短脚架。背仪器箱之前应检查背带是否安全,提仪器把手时应检查把手是否牢固。

(3) 安置仪器时,应先安置三脚架,并使架头大致水平,注意调整三脚架的高度:三脚架合并的高度约与观测者颈部等高为宜。仪器从仪器箱取出后应与三脚架牢固连接。仪器箱应关上并摆放在附近合适的位置,禁止坐踏仪器箱。在对中、整平过程中,当仪器大致对中后,应紧踩三脚架,然后进行后续的安置工作。当仪器安置在光滑地面时,应将三脚架脚尖放入缝隙或凹点处,或用绳索将三脚架拴连起来,以防滑倒。

(4) 仪器装箱时,应关掉电源,松开水平制动和垂直制动件,按取出时的位置,放入仪器箱中。注意基座上带圆水准器的一边和带锁紧螺旋的一边向上,仪器垂直度盘一侧和水平制动螺旋一侧不能弄反,仪器放好后,应与泡沫垫完全贴合。关上仪器箱盖,锁紧盖扣。当仪器箱盖不能完全盖上时,不能强行盖上,要检查仪器放置是否正确。

(5) 全站仪的各种调节部件和螺旋均应适度调节,切勿用力过猛。仪器与三脚架的连接螺旋、脚架高度锁紧螺旋和制动螺旋锁紧即可,不必过力锁死,如不放心可在锁紧后简单测试锁紧效果,恰当掌握锁紧力度。微动螺旋的调节范围有限,当向一个方向调节至端头时,不应强行继续同向调节,应松开制动件,重新粗照准。操作仪器时,应手轻心细,照准部匀速旋转,不应给仪器过大的外力。键盘操作用力也应适当。不适当的操作会影响仪器的稳定性、影响观测成果的质量、影响调节部件的使用寿命。禁止外人操作仪器。

(6) 禁止在恶劣条件下使用仪器。仪器在强烈阳光照射下,轴系状态会发生变化,因此应打伞遮阳。仪器淋雨后,或在潮湿环境中工作后,光路会产生雾斑,电路板会受潮,影响仪器的正常使用,应将仪器裸放在通风干燥的地方,风干一段时间。矿井下作业应选用防爆型全站仪。

(7) 禁止将全站仪的望远镜直接对准太阳或其他强烈光源。免棱镜全站仪在免棱镜状态下,禁止使用反射棱镜。当全站仪接收的光电信号超过其设定的限值时,接收光电部件会烧毁。免棱镜测距时,仪器发射的是激光。禁止人眼直接对着望远镜镜头;避免激光直接照准人体。

(8) 全站仪作业时,使用不同的合作目标,应进行相应的设置或选择。如果合作目标的设置与实际照准目标不一致,不仅会影响测距的精度,而且还有可能损坏仪器。

(9) 全站仪各种参数和状态的设置直接影响观测结果。初次使用仪器时应认真、全面地检查和调整仪器的各种参数和状态的设置,以保证观测结果的可靠性。

(10) 全站仪使用中出现任何机械的、光学的或电子的问题时,切勿强行使用,应立即关机送修。禁止非专业人员擅自拆卸仪器。

(11) 全站仪长期不用时,应卸下电池,每3个月左右定期通电检查1次,对电路板进行驱潮,以保持仪器良好的工作状态。全站仪电池应用专用充电器进行充电,电池长期不用时,应每1个月左右充电1次,以保持电池的正常工作状态。

(12) 全站仪在使用中,仪器轴系和部件会缓慢地发生变化。为保证仪器的正常使用,应定期对仪器进行检验和校正。

(13) 全站仪只采用单镜位观测(如碎部点测量、断面测量等)前,应校正垂直度盘指标零位置。

(14) 安置全站仪反射棱镜时,除了精确对中、整平外,应尽量将反射棱镜从水平和垂直两个方向上对准全站仪。

本 章 小 结

(1) 熟悉全站仪的基本结构及各种调节螺旋的使用,掌握全站仪及棱镜安置的基本方法,是使用全站仪的基础。

(2) 全站仪使用过程中,除了照准目标外,主要是各种功能键的操作。认识全站仪键盘功能、软键功能及常用显示符号(可以一种全站仪为主),是各种功能键操作的前提。

(3) 全站仪角度测量是全站仪基本测量之一。角度测量的目的是获得当前照准目标的水平角和垂直角。为了获得满意的观测结果,必须进行相关的设置和可能的操作。

(4) 全站仪距离测量是全站仪基本测量之一。距离测量的目的是获得测站点至目标点的距离。为了获得满意的观测结果,必须进行相关的设置和可能的操作。全站仪距离测量的相关设置项目比较多,这些项目的设置正确与否,大多数直接影响观测结果。

（5）全站仪坐标测量是全站仪基本测量之一。坐标测量的目的是获得目标点的三维坐标。距离测量的相关设置对坐标测量的结果有直接影响。此外垂直度盘指标差、方位角、仪器高、目标高、已知坐标、已知高程等数据也直接影响坐标测量的结果。因此坐标测量时必须进行正确的测站设置、后视方向设置和检查，必须正确地输入仪器高、目标高、已知坐标、已知高程，必须检校垂直度盘指标差。应充分理解坐标测量操作各步骤的要求和作用。

（6）全站仪的工作模式结构体现了不同产品的特色，只有全面了解全站仪的工作模式结构，才能全面掌握全站仪的各种功能，更好地、灵活地、得心应手地使用全站仪。

（7）全站仪文件管理实质上是数据文件以及文件中的数据的传输、存储、查阅、调用、修改、删除的管理，为作业中已知数据的使用、观测数据的记录、作业后测量数据的处理提供方便。

（8）全面了解全站仪在运输、携带、安置、使用、保管中的注意事项，养成按照要求操作、注意仪器安全、爱护与维护仪器的职业习惯。

习　题

2.1　如何快速安置棱镜？手持棱镜杆对中、整平适合什么场合？

2.2　比较南方、科力达和瑞得全站仪关于水平角、垂直角、斜距、平距、高差符号的差别。

2.3　如何改变全站仪当前照准方向的水平度盘读数？

2.4　球气差改正是改正什么？怎样选择垂直折光系数？

2.5　气象改正是改正什么？气象改正与哪些因素有关？

2.6　为什么数据采集前应检校垂直度盘指标差？

2.7　普通全站仪有哪几种工作模式？

2.8　为什么说南方 NTS360 系列全站仪是菜单型工作模式结构？

2.9　如何为记录观测数据新建一个工作文件？

2.10　如何查阅坐标文件的数据？如何查阅工作文件的数据？

2.11　仪器装箱时应注意什么？

2.12　仪器操作时应注意什么？

2.13　免棱镜测量时应注意什么？

3 全站仪程序测量

【学习目标】

1. 掌握全站仪放样测量、后方交会测量和道路测设的概念；
2. 熟悉全站仪常用程序测量的功能及应用场合。

【技能目标】

1. 能使用全站仪进行坐标放样测量；
2. 能使用全站仪进行悬高测量；
3. 能使用全站仪进行偏心测量；
4. 能使用全站仪进行对边测量；
5. 能使用全站仪进行后方交会测量；
6. 能使用全站仪进行面积测量；
7. 能使用全站仪进行道路测设。

本章以索佳 SET510K 全站仪为例详细介绍七个常用程序测量的操作。

3.1 放样测量

3.1.1 放样测量的概念

放样测量就是根据已有的控制点，按工程设计要求，将建（构）筑物的特征点在实地标定出来。工程建（构）筑物的特征点就是放样点。测量工作一般是将实地上的特征点测绘到图纸上，放样测量则是将图纸上的特征点测设到实地上。因此，可以说放样测量是测量工作的逆过程。放样测量通常又称为测设，是工程施工部门主要的测量工作。

放样测量分为平面位置放样测量和高程放样测量。平面位置放样测量主要确定建（构）筑物的轴线、轮廓和尺寸。高程放样测量主要确定建（构）筑物各细部空间位置的高低。在满足施工精度要求时，也可以将平面位置放样测量和高程放样测量一并进行，即三维放样测量。

放样测量必须在已知点上进行。全站仪平面位置放样测量可以采用直角坐标法放样，也可以采用极坐标法放样。采用直角坐标法放样时，必须在已知点上安置仪器，必须进行测站设置，即输入测站点坐标，并进行后视点定向。采用极坐标法放样时，必须在已知点上安置仪器，可不必进行测站设置（实际上，由于放样后需要对放样点进行检测，采用极坐标法放样时还是要进行测站设置），但需要输入放样数据，即放样点至测站点的水平距离和后视点、测站点、放样点构成的水平角。在放样测量过程中，仪器通过对预估位置的棱镜进行角度、距离或坐标的测量，显示出预先输入的放样值与实测值的差值来指导放样的进行。放样测量是一个逐渐趋近的过程。当仪器显示的差值满足放样角度要求时,棱镜点就是放样点。放样结束后,通常应对放样点进行测量并记录,以检核放样测量是否正确。

采用全站仪进行放样测量时,需要实时观测测站点至棱镜点之间的距离。为了保证放样测量的质量,放样测量时,应注意全面检查和正确设置仪器有关测距的参数和模式。

图 3.1 为全站仪放样测量示意图。

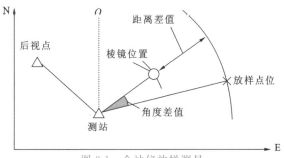

图 3.1 全站仪放样测量

3.1.2 坐标放样

坐标放样通常是指直角坐标放样。放样时输入或调用的是放样点的平面坐标。

坐标放样的操作如下:

操作步骤	按 键	显 示
① 在已知点安置仪器。 ② 按"放样"进入放样测量屏幕。 ③ 选取"测站定向"中的"测站坐标",输入或调用测站坐标数据。 ④ 选取"后视定向",设置后视方向的坐标方位角。	按"放样" 选"测站定向" 选"测站坐标" 选"后视定向"	放样测量 **测站定向** 放样数据 测量 EDM
⑤ 选取"放样数据",并按"模式"键直至显示"放样测量坐标"。	选"放样数据" 按"模式"键	放样测量 测站定向 **放样数据** 测量 EDM
⑥ 输入放样点的坐标,或者按"调取"键,调取内存中的放样点坐标。 ⑦ 按"OK"键确认输入的放样坐标值。	输入坐标值或按"调取"键	放样测量　　　坐标 Np :　　　　　　100.000 Ep :　　　　　　100.000 Zp :　　　　　　50.000 目标高 :　　　　1.400m　　P1 调取　　模式　　　　　OK
⑧ 旋转仪器直至"水平角差"显示为"0",在视线方向上适当的位置安置棱镜。		放样平距　　　　0.820m 水平角差　　　0°09′40″ H　　　　　　　2.480m ZA　　　　　75°20′30″ HAR　　　　39°05′20″ 　　　　　　　　　停

操作步骤	按　键	显　　示
⑨ 照准棱镜后按"观测"键，屏幕显示棱镜点与放样点间的"放样平距"差值。	按"观测"键	放样平距　　　0.820m 水平角差　　　0°09′40″ ↟　　　　　2.480m ZA　　　　84°41′37″ HAR　　191°22′57″ 观测　模式　←→　记录
⑩ 根据"放样平距"差值前后移动棱镜，直至"放样平距"差值为0。		↑↓　　　　　0.010m ←→　　　　0°00′30″ H　　　　　2.290m ZA　　　　75°20′30″ HAR　　39°59′30″ 观测　模式　←→　记录

屏幕显示的箭头符号表示棱镜当前位置到放样点的移动方向。

3.1　全站仪的坐标放样

　　按键"模式"用于选择放样的类别，可选择"放样坐标"、"放样平距"、"放样斜距"、"放样高差"、"悬高放样"等。

　　按键"←→"用于观测显示屏幕与移动指示屏幕之间的切换。

　　放样完成后，需要检测放样点，按"观测"键，仪器测量放样点的坐标。若检测结果满足精度要求，可按"记录"键，储存检测结果。若检测结果不满足精度要求，则应重新放样。

3.1.3　极坐标放样

极坐标放样就是进行角度和距离的放样确定平面点的位置，放样时距离可选择平距或斜距。极坐标放样的操作如下：

操作步骤	按　键	显　　示
① 在已知点安置仪器。 ② 按"放样"进入放样测量屏幕。 ③ 选取"测站定向"中的"测站坐标"，输入或调用测站坐标数据。 ④ 选取"后视定向"，设置后视方向的坐标方位角。	按"放样" 选"测站定向" 选"测站坐标" 选"后视定向"	放样测量 测站定向 放样数据 测量 EDM
⑤ 选取"放样数据"，并按"模式"键直至显示"放样测量平距"。	选"放样数据" 按"模式"键	放样测量 测站定向 放样数据 测量 EDM

操作步骤	按　键	显　　示
⑥ 输入平距或斜距放样值。	输入平距或斜距值	放样测量　　平距 平距　　　　　3.300m 角度　　40°00′00″ P2 坐标
⑦ 输入角度放样值,并按"OK"确认输入的放样值。	输入角度值	放样测量　　平距 平距　　　　　3.300m 角度　　40 P1 调取　模式　　OK
⑧ 旋转仪器直至"水平角差"显示为"0",在视线方向上适当的位置安置棱镜。 ⑨ 照准棱镜后按"观测",屏幕显示棱镜点与放样点间的"放样平距"差值。	按"观测"	放样平距　　　0.820m 水平角差　　0°09′40″ H　　　　　2.480m ZA　　　　75°20′30″ HAR　　　39°05′20″ 观测　模式　←→　记录
⑩ 根据"放样平距"差值前后移动棱镜,直至"放样平距"差值为0。		↑↓　　　　0.010m ←→　　　0°00′30″ H　　　　　2.290m ZA　　　　75°20′30″ HAR　　　39°59′30″ 观测　模式　←→　记录

放样完成后的检测与坐标测量相同。

3.1.4　悬高放样

悬高放样属于高度放样,用于放样一些位置过高或过低而无法安置棱镜的放样点。例如,高压线架线中,紧线时需要根据设计值控制高压线对地的高度。悬高放样所放样的高度是特指自立镜点起,沿铅垂线至上方或下方的高度。所以,悬高放样不必将仪器安置在已知点上,也不必进行测站设置,仪器可以安置在任何方便工作的地方。

悬高放样的操作如下:

操作步骤	按　键	显　　示
① 在适当的位置安置仪器。 ② 将棱镜设置在放样点的正上方或者正下方,量取棱镜高。 ③ 按"放样"进入放样测量屏幕。 ④ 选取"测站定向"中的"测站坐标",输入棱镜高数据。	按"放样" 选"测站定向" 选"测站坐标" 输入棱镜高	放样测量 测站定向 放样数据 测量 EDM

操作步骤	按　键	显　　示
⑤ 选取"放样数据",并按"模式"键直至显示"放样高度"。 ⑥ 在"高度处"输入待放样的高度。 ⑦ 按"OK"确认输入的放样值。	选"放样数据" 按"模式"键 输入放样高度	放样测量　　高度 高度:　　　　3.300 m 模式　　　　　OK
⑧ 按"悬高"键开始悬高放样测量。 ⑨ 根据显示的高度差上下移动望远镜,直至"高度差"值为0。 　此时,望远镜视线与棱镜点铅垂线的交点即是放样的高度点。如在高压线紧线时,当高压线上升到与望远镜水平中丝相切时,高压线此时的高度就是设计高度。	按"悬高"键	▼　　　　　　1.051 m S　　　　　　1.051 m ZA　　　　　89°52′55″ HAR　　　　150°16′10″ 悬高　模式　←→

悬高放样的正确性可以通过悬高测量来检核。悬高测量的操作见下一节。

3.2　悬　高　测　量

3.2.1　悬高测量的基本原理

在工程建设中,有些悬空点或人员难以到达的点上无法安置棱镜,如果需要确定该点的高度,就需要通过悬高测量来完成。悬高测量用于无法在其上设置棱镜的物体高度的测量,如高压电线、悬高电缆、桥梁、发射塔等高度的测量。

如图3.2所示,若要观测目标 M 距地面的高度,先在目标点附近安置全站仪,把反射棱镜设在目标点 M 的正下方 B 点处,输入棱镜高 v;然后照准棱镜进行距离测量;最后在悬高测量模式下,照准目标点 M,仪器即直接显示目标点 M 到地面的高度 H。

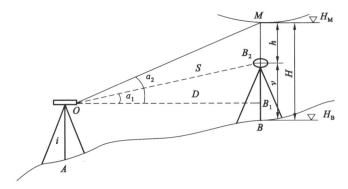

图 3.2　全站仪悬高测量

悬高测量显示的高度值按以下公式计算所得:

$$H = h + \nu$$
$$h = S\cos\alpha_1 \tan\alpha_2 - S\sin\alpha_1$$

3.2.2 悬高测量的操作

悬高测量不需要在已知点上安置仪器，也不需要进行测站设置，仪器可以安置在任何方便工作的地方。

悬高测量的操作如下：

操作步骤	按　　键	显　　　示
① 在适当的位置安置仪器。 ② 棱镜安置在待测物体目标点的正下方或正上方，量取棱镜高。 ③ 仪器整平后，按"高度"输入棱镜高。 ④ 照准棱镜后，按"测距"，对地面棱镜进行距离和垂直角测量。	按"高度" 按"测距"	放样测量 测站定向 放样数据 测量 EDM
⑤ 按"悬高"进行悬高测量，上下旋转望远镜，照准待测物体目标点后，仪器显示目标点相对棱镜点的高度。	按"悬高"	悬高测量 高度　　6.255m S　　13.120m ZA　　89°59′50″ HAR　　117°32′20″ 悬高　　　　观测
⑥ 按"停"键结束，屏幕显示"高度"即为待测物体目标点到地面的高度。	按"停"	悬高测量 高度　　6.255m S　　13.120m ZA　　89°59′50″ HAR　　117°32′20″ 停

悬高测量也可以用于目标点位于棱镜点下方的情况。无论目标点位于棱镜点上方或下方，棱镜点必须与目标点位于同一铅垂线上。

3.2　全站仪悬高测量

3.3　偏心测量

3.3.1　偏心测量的概念

在碎部点数据采集中，常常遇到有的特征点不通视，或虽然通视但无法到达，或无法安置棱镜。此时，采用偏心测量功能，就可以完成这类特征点的观测。在偏心测量中，仪器照准的棱镜点是一个辅助点（偏心点），仪器记录的不是辅助点，而是实际的目标点。因为棱镜一般不是立在目标点上，所以称为偏心测量。

全站仪偏心测量一般分为角度偏心测量和距离偏心测量，距离偏心测量分为单距偏心测量和双距偏心测量。

单距偏心测量用于不通视的隐蔽点的测量。偏心点可以选择在以测站点至目标点距离为直径的圆周上,或者说偏心点至测站点连线应与偏心点至目标点连线成直角;也可以选择在该直径及其延长线上。单距偏心测量只观测偏心点,但需要输入偏心距。偏心距是指偏心点至目标点的距离。偏心点位置选择误差较大时,会影响目标点的测量精度。单距偏心测量偏心点在直径及其延长线上选择比较容易实现,但在以测站点至目标点距离为直径的圆周上选择,不易准确把握。

双距偏心测量也用于不通视的隐蔽点的测量。双距偏心测量需要选择两个偏心点,并对这两个偏心点进行观测,其中需要输入一个偏心距。要求所选两个偏心点与目标点在一条直线上。先观测最外边的偏心点,再观测中间的偏心点,输入中间偏心点至目标点的距离。双距偏心测量虽然增加了观测量,但偏心点选择比较灵活,且易于掌控,因而也时常应用。

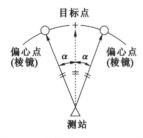

图 3.3　全站仪角度偏心测量

3.3.2　角度偏心测量

角度偏心测量用于可通视,但不可安置棱镜的目标点的测量。如图 3.3 所示,角度偏心测量中,偏心点要求选择在以测站点为圆心、以测站点至目标点的距离为半径的圆周上。或者说,偏心点可以选择在任何方向,但偏心点至测站点的距离要与目标点至测站点的距离相等。角度偏心测量需要先观测偏心点,再照准目标点。

角度偏心测量的操作如下:

操作步骤	按　键	显　示
① 在已知点安置仪器。 ② 选取偏心点,使测站至偏心点与测站至目标点的距离大致相等,并在偏心点上安置棱镜。 ③ 按"偏心",先选取"测站定向",接着选取"测站定向"中的"测站坐标",输入测站坐标数据。 ④ 选取"后视定向",设置后视方向的坐标方位角。 ⑤ 照准棱镜,选"角度偏心"。	按"偏心" 选"测站定向" 选"测站坐标" 选"后视定向" 选"角度偏心"	偏心测量 测站定向 单距偏心 角度偏心 双距偏心
⑥ 照准目标点,按"观测",接着按"OK",即可测出测站到目标点的距离和方位角值。	按"观测"	S　　　　　　　　34.770m ZA　　　　　　　80°30′15″ HAR　　　　　　120°10′00″ 照准待测方向? 观测　　　　　　　　OK

操作步骤	按　键	显　示
⑦ 按"XYZ"即可显示目标点的坐标值。	按"XYZ"	角度偏心 S　　　　　　　34.980m ZA　　　　　85°50′30″ HAR　　　　125°30′20″ 记录　XYZ　NO　YES
⑧ 按"YES"退出角度偏心测量。	按"YES"	

3.3.3　单距偏心测量

　　单距偏心测量可用于可通视但不可安置棱镜的目标点的测量,也可用于不通视的目标点的测量。如图 3.4 所示,单距偏心测量中,偏心点可以选择在目标点的左侧或者右侧,也可以选择在目标点的前侧或者后侧。当偏心点设在目标点左侧或右侧时,应使偏心点和目标点的连线与偏心点和测站点的连线大致成 90°角;当偏心点设在目标点前侧或后侧时,应使偏心点位于测站点与目标点的连线上。单距偏心测量只照准偏心点,不需要照准目标点,但需要输入偏心方向和偏心距离。

图 3.4　全站仪单距偏心测量

　　单距偏心测量的操作如下:

操作步骤	按　键	显　示
① 在测站点安置仪器。 ② 选择偏心点安置棱镜,并量取偏心距。 ③ 按"偏心",先选取"测站定向",接着选取"测站定向"中的"测站坐标",输入测站坐标数据。 ④ 选取"后视定向",设置后视方向的坐标方位角(如果已经进行了测站设置,就可以跳过③、④两步)。 ⑤ 按"偏心"选择"单距偏心",输入偏心距,选择偏向。	按"偏心" 选"测站定向" 选"测站坐标" 选"后视定向" 选"单距偏心"	偏心测量 　测站定向 　单距偏心 　角度偏心 　双距偏心
⑥ 照准棱镜,按"观测",显示偏心点的坐标值。 ⑦ 按"OK"计算目标点的坐标值。	按"观测" 按"OK"	S　　　　　　　34.770m ZA　　　　　80°30′15″ HAR　　　　120°10′00″ 距离　　　　　　2.000m 偏向　　　　　　→ 观测　　　　　　OK

操作步骤	按　键	显　　示
⑧ 按"YES"退出单距偏心测量。	按"YES"	单距偏心 S　　　　　　　34.980m ZA　　　　　　85°50′30″ HAR　　　　　125°30′20″ 记录　XYZ　NO　YES

3.3.4　双距偏心测量

　　双距偏心测量需要选择两个偏心点,两个偏心点必须与目标点位于同一直线上,如图3.5所示。观测时,先观测偏心点1,再观测偏心点2,最后输入偏心距(偏心距为偏心点2至目标点的距离)。仪器根据偏心点1与偏心点2的观测坐标计算直线方位角,并由偏心距计算目标点的坐标。

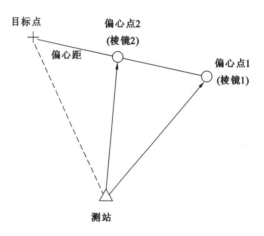

图 3.5　全站仪双距偏心测量

　　双距偏心测量的操作如下:

操作步骤	按　键	显　　示
① 在测站点安置仪器。 ② 按"偏心",先选取"测站定向",接着选取"测站定向"中的"测站坐标",输入测站坐标数据。 ③ 选取"后视定向",设置后视方向的坐标方位角(如果已经进行了测站设置,就可以跳过③、④两步)。 ④ 按"偏心",选取"双距偏心"。	按"偏心" 选"测站定向" 选"测站坐标" 选"后视定向" 选"双距偏心"	偏心测量 测站定向 单距偏心 角度偏心 双距偏心

操作步骤	按　键	显　　示
⑤ 选取偏心点 1,在偏心点 1 上安置棱镜。照准偏心点 1,按"观测",显示偏心点 1 的坐标。	按"观测"	偏心点1测量 ZA　　73° 18′ 00″ HAR　250° 12′ 00″ 　　　　　　　　观测
⑥ 按"YES"确认,显示偏心点 2 观测界面。	按"YES"	N　　　　10.480 E　　　　20.693 Z　　　　15.277 　　确认? 　　　　　　NO　YES
⑦ 选择偏心点 2,安置棱镜。照准偏心点 2,按"观测",显示偏心点 2 的坐标。	按"观测"	偏心点2测量 ZA　　52° 08′ 10″ HAR　269° 42′ 15″ 　　　　　　　　观测
⑧ 按"YES"确认,显示偏心距输入界面。	按"YES"	N　　　　14.800 E　　　　16.369 Z　　　　12.747 　　确认? 　　　　　　NO　YES
⑨ 输入偏心距,按"回车"键,即显示目标点的坐标。	按"回车"键	偏距　　　　　1.200 m
⑩ 按"YES"退出双距偏心测量。	按"YES"	双距偏心 N　　　　16.704 E　　　　15.983 Z　　　　12.672 记录　HVD　NO　YES

3.4　对边测量

3.4.1　对边测量的概念

全站仪对边测量是指通过对两目标点的坐标测量实时计算并显示两点间的相对量,如斜距(S_1、S_2)、平距(D)和高差(h),如图 3.6 所示。对边测量可以连续进行,有两种模式可选:显示连续观测点均相对于第一点的相对量(射线式);显示连续观测点均相对于前一点的相对量(折线式)。对边测量在不搬动仪器的情况下直接测量多个目标点相对于某一起始点间的斜距、平距和高差,为某类工程测量提供了方便,如线路横断面测量。

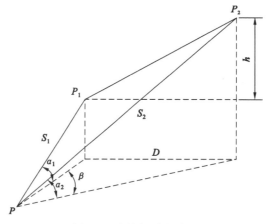

图 3.6　全站仪对边测量

3.4.2　射线式对边测量

射线式对边测量显示系列观测点相对于第一点的相对量。

射线式对边测量的操作如下:

操作步骤	按　键	显　　示
① 安置仪器。 ② 在菜单里选取"对边测量"。 ③ 照准起始点上的棱镜,按"观测"进行距离测量。 ④ 棱镜移到下一个点,按"对边",即可测出该点与起始点间的距离。	按"观测" 按"对边"	对边测量 S　　　　　20.757m H　　　　　27.345m V　　　　　1.012m 对边　起点　S/%　观测
⑤ 棱镜移到再下一个点,按"对边",即可测出该点与起始点间的距离。	按"对边"	对边测量 S　　　　　20.757m H　　　　　27.345m V　　　　　1.012m 对边　起点　S/%　观测

3.3　全站仪的对边测量

3.4.3 折线式对边测量

折线式对边测量显示系列观测点相对于前一点的相对量。

折线式对边测量的操作如下：

操作步骤	按　键	显　　示
① 安置仪器。 ② 在菜单里选取"对边测量"。 ③ 照准起始点上的棱镜,按"观测"进行距离测量。 ④ 棱镜移到下一个点,按"对边",即可测出该点与起始点间的距离。	按"观测" 按"对边"	对边测量 S　　　　　　　20.757m H　　　　　　　27.345m V　　　　　　　1.012m 对边　起点　S/%　观测
⑤ 按"起点"或"新点",接着按"YES",即可将刚测的点设为新的起点。	按"起点"	对边测量 S　　　　　　　20.757m H　　　　　　　27.345m V　　　　　　　1.012m 对边　起点　S/%　观测
⑥ 棱镜移到下一个点,按"对边",即可测出该点与新起点间的距离。	按"对边"	对边测量 S　　　　　　　20.757m H　　　　　　　27.345m V　　　　　　　1.012m 对边　起点　S/%　观测
⑦ 按"起点"或"新点",接着按"YES",又可将刚测的点设为新的起点。	按"起点"	对边测量 S　　　　　　　20.757m H　　　　　　　27.345m V　　　　　　　1.012m 对边　起点　S/%　观测
⑧ 棱镜移到再下一个点,按"对边",即可测出新设起点与该点间的距离。	按"对边"	对边测量 S　　　　　　　20.757m H　　　　　　　27.345m V　　　　　　　1.012m 对边　起点　S/%　观测

以此类推,即可将一段连续折线的边长分别测出来。

对边测量的测站点,可以安置在已知点上,也可以安置在任意适当的地方。可以设置测站,也可以不设置测站。不进行测站设置时,仪器以(0,0,0)为当前测站点坐标,以当前水平方向为方位角,进行坐标测量,并计算两点的相对量。

对边测量时,各目标点的棱镜高应保持不变。

3.5　后方交会测量

3.5.1　后方交会测量的概念

全站仪后方交会测量用于仪器安置在未知点上时的测站点设置,包括测量测站点的坐标和设置测站后视方位角。全站仪后方交会测量需要至少观测 2 个已知点(测边模式下)或 3 个已知点(测角模式下),全站仪通过对已知点的观测,实时计算测站点的坐标,并可将其设置为

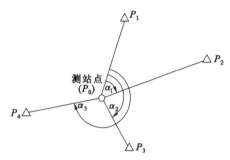

图 3.7　全站仪后方交会测量

测站点坐标,将某一观测方向设置为后视方位角,如图 3.7 所示,通过 P_1、P_2、P_3、P_4 四个已知点的坐标就可以交会出测站点 P_0 的坐标。观测的已知点可以有多个。一般来说,观测的已知点数量越多,观测距离越长,计算所得坐标精度也越高。有多余观测时,仪器会显示观测结果的残差和标准差,以便检查观测质量。后方交会测量最多可观测的已知点为 7～10 个,不同的仪器稍有差别。对于索佳全站仪来说,最多可以观测 10 个已知点。

全站仪后方交会测量是一种很有用的功能。在有足够的已知点可观测的情况下,仪器可以安置在任意未知位置进行数据采集或施工放样,这为野外测量工作带来了极大的方便。

3.5.2　坐标后方交会测量

坐标后方交会测量的操作如下:

操作步骤	按　键	显　示
① 选择适当的位置,打桩标注中心,并安置仪器,量取仪器高。 ② "菜单"里选取"后方交会",接着选取"交会坐标"。 ③ 输入或者"调取"第一点的坐标。 ④ 按"往下"输入或者"调取"第二点的坐标,直至输入或者"调取"全部待观测的已知点的坐标。 ⑤ 按"测量"开始后方交会测量。	按"后方交会" 选"交会坐标" 直接输入或者 按"调取" 按"往下" 按"测量"	第2点 Np：　　　100.000 Ep：　　　100.000 Zp：　　　50.000 目标高：　　1.400m 调取　记录　往下　测量
⑥ 照准第一个已知点上的棱镜,按"测距"或者"测角"来进行交会测量。测距模式下同时测距和测角,测角模式下只测量角度。	按"测距"或者"测角"	后方交会　第1点 N　　　100.000 E　　　100.000 Z　　　50.000 目标高：　1.400m 测距　　角度

操作步骤	按　键	显　　示
⑦ 按"YES"确认第一点的测量值,屏幕显示自动转入第二点的观测。	按"YES"	后方交会　　　　　第1点 S　　　　　　525.450m ZA　　　　　80°30′15″ HAR　　　　120°10′00″ 目标高　　　　　1.400m 　　　　　　　NO　YES
⑧ 照准第二个已知点上的棱镜,按"测距"或者"测角"来进行交会测量。 ⑨ 按"YES"确认第二点的测量值,屏幕显示自动转入第三点的观测。	按"测距"或者"测角" 按"YES"	后方交会　　　　　第3点 S　　　　　　125.450m ZA　　　　　40°30′15″ HAR　　　　20°10′00″ 目标高　　　　　1.200m 计算　　　　　NO　YES
⑩ 依此类推,逐个观测完所有已知点后,按"计算"即可得到测站点的交会坐标值和标准差。	按"计算"	N　　　　　　　100.000 E　　　　　　　100.000 Z　　　　　　　　9.999 δN　　　　　　0.0014m δE　　　　　　0.0007m 结果　　　　记录　OK
⑪ 按"结果"可显示每个观测点的观测误差。 ⑫ 对误差大的测量结果可以按"作废",去掉该观测值,然后按"重算"就可重新计算结果。也可以按"重测",重新观测该已知点,然后再计算结果。	按"结果"	δN　　　δE 第1点　-0.001　　0.001 ★第2点　0.005　　0.010 第3点　-0.001　　0.001 第4点　-0.003　-0.002 ↓ 作废　重算　重测　增加
⑬ 按"ESC"退出,按"OK",再按"YES"可将后方交会的第一个已知点作为后视定向点,完成后视定向;按"NO"就是不设置后视方位角,返回测量模式。	按"ESC" 按"OK" 按"YES"	N　　　　　　　100.000 E　　　　　　　100.000 Z　　　　　　　　9.999 δN　　　　　　0.0014m δE　　　　　　0.0007m 结果　　　　记录　OK

3.5.3　高程后方交会测量

高程后方交会测量的操作如下:

操作步骤	按　键	显　示
① 在未知点上安置仪器,量取并输入仪器高。 ② "菜单"里选取"后方交会",接着选取"交会高程"。 ③ 输入或者"调取"第一点的高程。 ④ 按"往下"输入或者"调取"第二点的高程,直至输入或者"调取"全部待观测的已知点的高程。 ⑤ 按"测量"开始高程交会测量。	选"后方交会" 选"交会高程" 直接输入或者 按"调取" 按"测量"	第1点 Zp:　　　　　11.891 目标高:　　　0.100m 调取　记录　往下　测量
⑥ 照准第一个已知点上的棱镜,按"观测"来进行交会测量。 ⑦ 按"YES"确认第一点的测量值,屏幕显示自动转入第二点的观测。 ⑧ 照准第二个已知点上的棱镜,按"观测"来进行交会测量。 ⑨ 按"YES"确认第二点的测量值,屏幕显示自动转入第三点的观测。	按"观测" 按"YES"	后方交会　第10点 Zp:　　　　　11.718 观测
⑩ 依此类推,逐个观测完所有已知点后,按"计算"即可得到测站点的交会高程值和标准差。	按"计算"	Z　　　　　　　10.000 δZ　　　　　　0.0022m 结果　　　记录　OK
⑪ 按"结果"可显示每个观测点的观测误差。 ⑫ 误差大的测量结果可以按"作废"可将其作废,去掉该观测值,然后按"重算"就可重新计算结果;也可以按"重测",重新观测该已知点,然后再重新计算结果。	按"结果"	δZ 第1点　　-0.003 第2点　　 0.003 第3点　　 0.000 第4点　　 0.002　　▼ 作废　重算　重测　增加
⑬ 按"ESC"退出,按"OK"结束高程后方交会并完成测站高程设置。	按"ESC" 按"OK"	Z　　　　　　　10.000 δZ　　　　　　0.0022m 结果　　　记录　OK

顺便说明,大多数全站仪的坐标交会测量和高程交会测量是同时进行的。在输入或调用已知数据时,输入或调用已知点的坐标和高程,计算结果也包括坐标和高程。

另外,索佳和科力达全站仪在输入或调用已知数据时,是观测前一次性地输入或调用待观测全部已知点的已知数据,然后再按顺序分别进行观测。也有的全站仪是在各个已知点观测前分别输入或调用该点的已知数据。

3.5.4　后方交会测量应注意的问题

(1)全站仪后方交会测量中,可以选择测距模式或测角模式。在可以测距的情况下,应选择测距模式。测距模式下,既测距又测角,增加了观测值的个数,对提高测站点精度有利,也可以减少观测已知点的个数。

(2)后方交会测量测站点选择实际上也不是任意的。理论上可以证明,在测角模式下,当测站点与所观测的已知点共圆时,测站点坐标无解。此时,由已知点构成的圆常称为危险圆。实际工作中,测站点恰好选在危险圆上的概率很小。但是测站点选在危险圆附近的情况易发生。测站点位于危险圆附近时,虽能解出测站点的坐标,但往往包含较大的误差。故在后方交会测量的测站点选择时,应注意避开危险圆附近。也可以通过选择已知点,改变危险圆的位置,从而避开危险圆。

(3)后方交会测量中观测已知点的顺序应顺时针排列。当测站点与各待观测的已知点构成的角度中存在大于180°的角度时,应以此大角的右侧已知点为第1个观测点,将大角留到最后一个观测点之后。顺序观测点中间存在大于180°的角度时,后方交会测量易出现计算错误。

(4)后方交会测量主要是用于确定测站点的坐标和高程,并设置测站。完成测站设置后,往往要进行数据采集或施工放样。当后方交会测量有误时,其后的数据采集或施工放样均是错误的。为保证后方交会测量的可靠性,除了选择较多的已知点进行观测外,还有必要在数据采集或施工放样前对后方交会测量进行检核。检核的方法是在后方交会测量完成后对一个没有观测过的已知点进行观测,将观测结果与已知数据进行比较。若相差很小,则认可后方交会测量的结果,可进行后续测量工作。否则,应重新进行后方交会测量。

3.6　面　积　测　量

3.6.1　面积测量的概念

面积测量是通过调用仪器内存中的三个或多个点的坐标数据,计算出由这些点连线封闭而成的图形面积(图3.8),包括平面面积和斜面面积。面积测量所用的数据可以是仪器内存已有的数据,也可以是测量所得的数据,还可以是手工输入的数据。

现在大部分型号的全站仪都有面积测量和计算功能,一般分为边测边算和调用已测数据计算两种。边测边算的方法,是按顺时针或逆时针一次测量每个拐点,等测完的同时就显示出来包围的面积了,需要注意的是,顺序不要错,不能交叉测量。调用已测数据的方法就比较简单,只要按图纸的顺序,从全站仪内存一次调用已测的点,就能计算出包围面积。

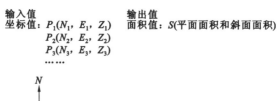

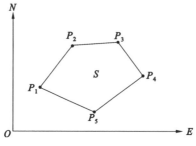

图 3.8 全站仪面积测量

3.6.2 面积测量的操作

面积测量是指现场边测量边计算面积,其操作如下:

操作步骤	按　键	显　　示
① "菜单"里选取"面积计算"。 ② 输入测站数据。	选"面积计算"	悬高测量 后交测量 面积计算 直线放样 点投影
③ 在"面积计算"中选取"面积计算"。	选"面积计算"	面积计算 测站定向 面积计算
④ 照准所计算面积的封闭区域第一个边界点后按"测量",接着按"观测"开始测量。	按"测量" 按"观测"	01: 02: 03: 04: 05: 调取　　　　测量

操作步骤	按　键	显　　示
⑤ 按"OK"将测量结果作为"01"点的坐标值。	按"OK"	N　　　　　12.345 E　　　　137.186 Z　　　　　1.234 ZA　　　90°01′25″ HAR　　109°32′00″ ■OK■　　　　　观测
⑥ 按"测量"顺时针或者逆时针逐个观测剩余的边界点。	按"测量"	01：Pt_01 02： 03： 04： 05： 　　　　　　　　测量
⑦ 按"计算"计算面积并显示结果。	按"计算"	01：Pt_01 02：Pt_02 03：Pt_03 04：Pt_04 05：Pt_05 　　　计算　　　　测量
⑧ 按"OK"结束计算面积并返回测量模式。	按"OK"	点数　　5 斜面积　　　468.064m² 　　　　　　0.0468ha 平面积　　　431.055m² 　　　　　　0.0431ha 　　　　　　　　OK

3.6.3 调取内存坐标点面积计算

面积计算是指调取内存坐标点计算闭合图形的面积,其操作如下:

操作步骤	按　键	显　　示
① 在测区适当位置安置仪器。 ② 在"菜单"里选取"面积计算"。	选"面积计算"	悬高测量　　　　　▲ 后交测量 面积计算 直线放样 点投影
③ 在"面积计算"里选取"面积计算"。	选"面积计算"	面积计算 测站定向 面积计算

操作步骤	按　键	显　　示
④ 按"调取"键调取存储在仪器当中的所计算面积的封闭区域第一个边界点的已知点数据。	按"调取"	01: 02: 03: 04: 05: 调取　　　　　　　测量
⑤ 按"OK"将调取结果作为"01"点的坐标值。	按"OK"	N　　　　　　　12.345 E　　　　　　137.186 Z　　　　　　　1.234 ZA　　　　90°01′25″ HAR　　　109°32′00″ OK　　　　　　　观测
⑥ 按"调取",按顺时针或者逆时针逐个调取剩余的边界点。	按"调取"	01: Pt_001 02: Pt_002 03: Pt_004 04: Pt_101 05: Pt_102 ↑↓.P　首点　末点　查找
⑦ 按"计算"计算面积并显示结果。	按"计算"	01: Pt_01 02: Pt_02 03: Pt_03 04: Pt_04 05: Pt_05 计算　　　　　　测量
⑧ 按"OK"结束计算面积并返回测量模式。	按"OK"	点数　　5 斜面积　　　　468.064m² 　　　　　　　0.0468ha 平面积　　　　431.055m² 　　　　　　　0.0431ha OK

3.7 道 路 测 设

3.7.1 道路测设的概念

道路测设程序用于道路工程(铁路、公路)的中桩点和边桩点平面坐标的计算,并将计算结果存储在内存文件中,在实地调取这些数据进行道路中桩点和边桩点的放样测量,为道路施工提供依据。

道路工程的线形一般由直线段、圆曲线段和回旋曲线(缓和曲线)段组成。道路工程的中桩点和边桩点平面坐标,按道路工程的线形特征分段计算。

　　道路曲线用于两直线段之间的连接。连接曲线常用圆曲线和回旋曲线两种,如图 3.9 所示。

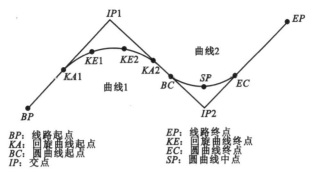

BP:线路起点	EP:线路终点
KA:回旋曲线起点	KE:回旋曲线终点
BC:圆曲线起点	EC:圆曲线终点
IP:交点	SP:圆曲线中点

图 3.9　道路曲线连接

3.7.2　直线计算

　　直线计算主要用于道路工程中直线段的中桩点及边桩点平面坐标的计算。计算所得坐标可直接用于放样,应用起来很方便。

　　如图 3.10 所示,直线计算时是以 P_1 为基准点,已知数据为基准点 P_1 的坐标、交点 P_2 的坐标或者沿着 P_1P_2 方向的坐标方位角 AZ。

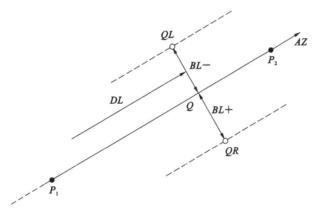

图 3.10　直线计算

　　图 3.10 中,P_1 为基准点(直线起点);P_2 为交点(一般为直线的转折点);DL 为中桩至基准点间的距离;BL 为边桩偏距;Q 为中桩点;QL、QR 为左、右边桩点。

　　直线计算的操作如下:

操作步骤	按　键	显　　示
① 在"菜单"里选取"线路计算",进入线路计算菜单。 ② 选取"线路计算"中的"直线",进入直线计算。	选"线路计算" 选"直线"	线路计算 测站定向 **直线** 圆曲线 回旋曲线 三点计算去　　　　▼

操作步骤	按　键	显　　示
③ 输入直线基准点的坐标,并按"OK"确认,也可通过"调取"调用内存中的数据。	输入基点坐标或者按"调取"	**直线/基点** Np:　948.822 Ep:　555.431 调取　记录　OK
④ 输入直线交点的坐标后,按"OK"确认,也可按"方位角"输入直线的坐标方位角来确定直线的方向。	输入交点坐标或者按"方位角"	**直线/交点** Np:　0.000 Ep:　0.000 P2 方位角 **直线/交点** 方位角　48.0002 坐标　OK
⑤ 输入基准点和待计算中桩点的公里尾数值。	输入基点桩号 输入中桩桩号	**直线/中桩** 基点桩号　344.985m 中桩桩号　425.335m OK
⑥ 按"OK"计算中桩点的坐标,显示的"方位角"为所计算中桩点切线方向的方位角。	按"OK"	**直线/中桩** N　1002.586 E　615.143 方位角　48°00′02″ 边桩　记录　放样　中桩
⑦ 按两次"ESC"返回线路计算菜单屏幕,按"边桩",以左负右正方式输入边桩偏距,按"OK"计算边桩点的坐标。按"中桩"可继续下一中桩点坐标的计算。	按"边桩" 按"中桩"	**直线/边桩** 中桩桩号　425.335m 边桩偏距　25.000m OK **直线/边桩** N　984.007 E　631.871 边桩　记录　放样　中桩

3.7.3 圆曲线测设

圆曲线测设包括圆曲线计算和圆曲线放样两部分。圆曲线计算用于由单一圆曲线构成的道路中桩点及其两侧边桩点平面坐标的计算。圆曲线放样是将计算的道路中桩点及其两侧边桩点在实地分别标定出来。由于道路中桩点及其两侧边桩点的放样是逐点放样,具体操作已在 3.1 节放样测量中讲述,所以,圆曲线的测设主要是圆曲线的计算。

圆曲线计算时以圆曲线起点 P_1 为基准点,已知数据为起点 P_1 的坐标、交点 P_2 的坐标或者 P_1 到 P_2 的坐标方位角 AZ、曲线的方向(左转或右转)和半径 R,如图 3.11 所示。

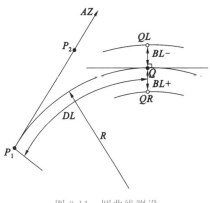

图 3.11 圆曲线测设

在图 3.11 中,P_1 为基准点(圆曲线起点);P_2 为道路转折的交点;R 为圆曲线半径;DL 为圆曲线中桩点到基准点间的距离,为中桩点的桩号与基准点的桩号的差值,也是中桩点前的曲线长度;BL 为边桩偏距;Q 为中桩点;QL 为左边桩点;QR 为右边桩点。

圆曲线计算的操作如下:

操作步骤	按　键	显　　示
① 在"菜单"下选取"线路计算"。 ② 选取"圆曲线"进入圆曲线计算。	选"线路计算" 选"圆曲线"	线路计算 测站定向 直线 **圆曲线** 回旋曲线 三点计算法　　▼
③ 输入圆曲线起点 P_1 的坐标后按"OK"。	输入起点坐标	圆曲线/基点 Np:　2989.668 Ep:　7349.712 调取　记录　OK
④ 直接输入圆曲线起点切线方向的坐标方位角后按"OK";也可以按"坐标",输入圆曲线交点 P_2 的坐标后按"OK"。	输入坐标方位角或者按"坐标"	圆曲线/交点 方位角　212.1713 坐标　　OK
⑤ 选取圆曲线的"曲线方向",选择左转或右转,输入圆曲线的半径、基准点桩号和待计算中桩号(去掉相同大数后桩号的公里尾数值)。	选"曲线方向" 输入半径 输入基点桩号 输入中桩桩号	圆曲线/中桩 曲线　**右转** 半径　60.000m 基点桩号　477.180m 中桩桩号　676.591m OK

操作步骤	按 键	显 示
⑥ 按"OK"键计算中桩点的坐标。 ⑦ 按"边桩",以左负右正输入宽度值 BL,按"OK"键计算边桩点的坐标。 ⑧ 按"放样"可直接进行所计算桩点的放样测量。 ⑨ 按"记录",将计算结果存储到仪器内存的当前文件中。 ⑩ 按"中桩",可继续下一中桩点的坐标计算。	按"OK"	圆曲线/中桩 N　　　　　　3062.415 E　　　　　　7254.902 方位角　　　42°42'38" 边桩　记录　放样　中桩

中桩点及边桩点计算的密度取决于施工精度的要求,间距一般可在 10~25 m。圆曲线中桩点及边桩点计算到圆曲线终点为止。圆曲线长 L 按下式计算:

$$L = R\pi \frac{\alpha}{180}$$

式中　R——圆曲线半径,m;

　　　α——道路中线转折角,°。

所以,圆曲线最后一个点的桩号就是基准点桩号加上圆曲线长。

3.7.4　回旋曲线测设

回旋曲线又称缓和曲线,是一种半径由给定值连续变化到无穷大的曲线,常用于铁路或高等级公路的转折连接。回旋曲线连接在圆曲线与直线之间,实现高速运动的车辆在直线运动状态与曲线运动状态之间平稳过渡,以保证车辆安全性和舒适性。图 3.9 中 KA1~KE1 段、KE2~KA2 段为对称的两段回旋曲线。回旋曲线的长度由道路设计给定。

回旋曲线计算用于由单一回旋曲线构成的线路中桩点及其两侧边桩点平面坐标的计算,所得坐标也可直接进行放样测量。

回旋曲线的计算方法有三种:

(1)起终点计算法 1,以回旋曲线起点 KA 为基准点 P_1,计算由直缓点至缓圆点的回旋曲线桩点平面坐标。

(2)起终点计算法 2,以回旋曲线上任一点为基准点 P_1,计算由直缓点至缓圆点的回旋曲线桩点平面坐标。

(3)终起点计算法,以回旋曲线终点 KE 为基准点 P_1,计算由缓圆点至直缓点的回旋曲线桩点平面坐标。

3.7.4.1　起终点计算法 1

用于由直缓点过渡到缓圆点的单一回旋曲线桩点平面坐标的计算。计算时以回旋曲线起点 KA 为基准点 P_1,已知数据为基准点 P_1 的坐标、交点 P_2 的坐标或者基准点 P_1 到交点 P_2 方向的坐标方位角 AZ、曲线方向和回旋参数 A,线路如图 3.12 所示。

图 3.12 中:P_1 为基准点(回旋曲线起点 KA);P_2 为交点;DL 为中桩到基准点间的距离;BL 为边桩偏距;Q 为中桩点;QL 为左边桩点;QR 为右边桩点。

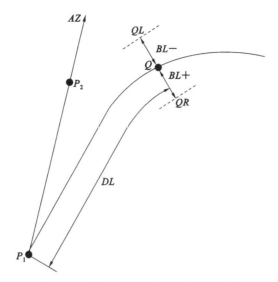

图 3.12　回旋曲线测设(起终点计算法 1)

回旋曲线起终点计算法 1 的操作如下：

操作步骤	按　键	显　示
① 在"菜单"下选取"线路计算"。	选"线路计算" 选"回旋曲线"	线路计算 　测站定向 　直线 　圆曲线 　回旋曲线 　三点计算法
② 选取"回旋曲线"进入回旋曲线计算菜单后选取"起、终点计算法 1"。	选"起、终点计算法 1"	回旋曲线 起、终点计算法1 起、终点计算法2 终、起点计算法
③ 输入回旋曲线起点 P_1 的坐标后按"OK"。	输入起点坐标	回旋曲线/基点 Np:　　　3047.444 Ep:　　　7363.229 调取　记录　　　OK
④ 按"坐标"，输入回旋曲线交点 P_2 的坐标后按"OK"，或者直接输入回旋曲线起点切线方向的坐标方位角后按"OK"。	按"坐标"或者输入坐标方位角	回旋曲线/切线方向 方位角　　　183.382 坐标　　　　　OK

操作步骤	按　键	显　　示
⑤ 选取回旋曲线的"曲线方向",输入回旋曲线的"参数"、"基点桩号"和待计算"中桩桩号"(去掉相同大数后桩号的公里尾数值)。 回旋参数:$A = \sqrt{L_0 \times R}$	选"曲线方向" 输入参数 输入基点桩号 输入中桩桩号	回旋曲线/中桩 曲线　　　　　　　右转 参数　　　　　　60.000m 基点桩号　　　　417.180m 中桩桩号　　　　477.180m 　　　　　　　　　　OK
⑥ 按"OK"键计算中桩点的坐标,显示的"方位角"为所计算中桩处切线方向的坐标方位角。 ⑦ 按"边桩"以左负右正输入宽度值计算边桩点的坐标。 ⑧ 按"放样"可直接进行所计算桩点的放样测量。 ⑨ 按"记录",将计算结果存储到仪器内存的当前文件中。 ⑩ 按"中桩",可继续下一中桩点的坐标计算。	按"OK"	圆曲线/中桩 N　　　　　　3062.415 E　　　　　　7254.902 方位角　　　42°42′38″ 边桩　记录　放样　中桩

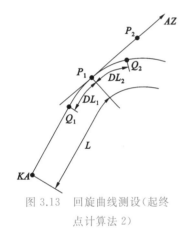

图 3.13　回旋曲线测设(起终点计算法 2)

3.7.4.2　起终点计算法 2

用于由直缓点过渡到缓圆点的单一回旋曲线桩点平面坐标的计算。计算时以回旋曲线起点 KA 与终点 KE 间任一点为基准点 P_1,已知数据为基准点 P_1 的坐标、过基准点 P_1 切线方向的坐标方位角 AZ、曲线方向和回旋参数 A、起点 KA 至基准点 P_1 的弧长 L,线路如图 3.13 所示。

图 3.13 中:P_1 为基准点(回旋曲线上任意点);P_2 为过 P_1 点切线上的点;L 为起点 KA 到基准点间的弧长;Q_1、Q_2 为中桩点;DL_1、DL_2 为中桩点到基准点间的弧长;BL 为边桩偏距(图中未标出)。

回旋曲线起终点计算法 2 的操作如下:

操作步骤	按　键	显　　示
① 在"菜单"下选取"线路计算"。	选"线路计算" 选"回旋曲线"	线路计算 测站定向 直线 圆曲线 回旋曲线 三点计算法　　　　　▼
② 选取"回旋曲线"进入回旋曲线计算菜单后选取"起、终点计算法 2"。	选"起、终点计算法 2"	回旋曲线 起、终点计算法1 起、终点计算法2 终、起点计算法

操作步骤	按　键	显　　示
③ 输入回旋曲线基准点 P_1 的坐标后按"OK"。	输入基点坐标	回旋曲线/基点 Np: 3039.641 Ep: 7362.711 调取　记录　OK
④ 按"坐标"输入过基准点 P_1 切线方向上任一点的坐标后按"OK",或者直接输入过基准点 P_1 切线方向的坐标方位角后按"OK"。	按"坐标"或者输入坐标方位角	回旋曲线/切线方向 方位角 184.0905 坐标　OK
⑤ 选取回旋曲线的"曲线方向",输入回旋曲线的"参数"、"起_基弧长"(曲线起点至基准点的弧长),"基点桩号"和"基_中弧长"中分别输入"0"和基准点至待计算中桩点的弧长值 DL(中桩点位于起点与基准点之间时输入"一",否则输入"十")。	选"曲线方向" 输入参数 输入起_基弧长 输入基点桩号 输入基_中弧长	回旋曲线/中桩 曲线　　　右转 参数　　　60.000m 起_基弧长　7.820m 　　　　　OK 基点桩号　0.000m 基_中弧长　15.000m 　　　　　OK
⑥ 按"OK"键计算中桩点的坐标,显示的"方位角"为所计算中桩处切线方向的坐标方位角。 ⑦ 按"边桩"以左负右正输入宽度值计算边桩点的坐标。 ⑧ 按"放样"可直接进行所计算桩点的放样测量。 ⑨ 按"记录",将计算结果存储到仪器内存的当前文件中。 ⑩ 按"中桩",可继续下一中桩点的坐标计算。	按"OK"	回旋曲线/中桩 N 3024.717 E 7361.226 方位角 187°48′32″ 边桩　记录　放样　中桩

3.7.4.3　终起点计算法

用于由圆缓点过渡到缓直点的单一回旋曲线桩点平面坐标的计算。计算时以回旋曲线终点 KE 为基准点 P_1,已知数据为基准点 P_1 的坐标、过基准点 P_1 切线方向的坐标方位角 AZ、曲线方向和回旋参数 A、基准点 P_1 至起点 KA 的弧长 L,线路如图 3.14 所示。

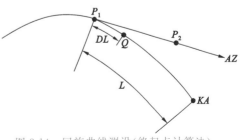

图 3.14　回旋曲线测设(终起点计算法)

图 3.14 中:P_1 为基准点(回旋曲线终点);AZ 为过 P_1 点切线的坐标方位角;L 为终点到起点 KA 间的弧长;Q 为中桩点;DL 为中桩点到基准点间的弧长;BL 为边桩偏距(图中未标出)。

回旋曲线终起点计算法的操作如下:

操作步骤	按 键	显 示
① 在"菜单"下选取"线路计算"。	选"线路计算" 选"回旋曲线"	线路计算 测站定向 直线 圆曲线 回旋曲线 三点计算法
② 选取"回旋曲线",进入回旋曲线计算菜单后选取"终、起点计算法"。	选"终、起点计算法"	回旋曲线 起、终点计算法1 起、终点计算法2 终、起点计算法
③ 输入回旋曲线基准点 P_1 的坐标后按"OK"。	输入基准点坐标	回旋曲线/基点 Np: 3062.415 Ep: 7254.902 调取 记录 OK
④ 按"坐标"输入过基准点 P_1 切线方向上任一点的坐标后按"OK",或者直接输入过基准点 P_1 切线方向的坐标方位角后按"OK"。	按"坐标"或者输入坐标方位角	回旋曲线/切线方向 方位角 42.4238 坐标 OK
⑤ 选取回旋曲线的"曲线方向",输入回旋曲线的"参数"、"终_起弧长"(曲线起点至终点的弧长),以及"基点桩号"和"中桩桩号"(去掉相同大数后桩号的公里尾数值)。	选"曲线方向" 输入参数 输入终_起弧长 输入基点桩号 输入中桩桩号	回旋曲线/中桩 曲线 右转 参数 80.000m 终_起弧长 106.667m OK 基点桩号 676.591m 中桩桩号 783.257m OK

操作步骤	按 键	显 示
⑥ 按"OK"键计算中桩点的坐标，显示的"方位角"为所计算中桩处切线方向的坐标方位角。 ⑦ 按"边桩"以左负右正输入宽度值计算边桩点的坐标。 ⑧ 按"放样"可直接进行所计算桩点的放样测量。 ⑨ 按"记录"，将计算结果存储到仪器内存的当前文件中。 ⑩ 按"中桩"，可继续下一中桩点的坐标计算。	按"OK"	回旋曲线/中桩 N　　　　　　　　3085.964 E　　　　　　　　4355.140 方位角　　　　93°38′26″ 边桩　记录　放样　中桩

本 章 小 结

本章讲述了全站仪的放样测量、悬高测量、偏心测量、对边测量、后方交会测量、面积测量以及道路测设等程序测量的功能，并以索佳 SET510K 全站仪为例，详细介绍了这些程序测量的操作。通过本章的学习，要求掌握这七个常用的程序测量功能，并且熟练地应用到相关工程实践当中。

放样测量是工程施工测量的主要工作，放样测量前要熟悉已知点点位，准备已知点数据、放样点数据，选择坐标放样或极坐标放样，放样过程中要能快速找到放样点的概略位置，放样完成后要进行检查。

悬高测量用于测量大高差且不便安置棱镜的目标点相对立镜点的高度，先要观测立于目标点垂直上、下方的棱镜，然后照准目标点，直接显示高度结果。电力线路工程高压线高度测量是悬高测量的典型应用。

偏心测量可以测量某些常规方法不能测到的目标点，能有效提高外业工作效率。对不易观测的目标点，应根据情况，正确选择角度偏心测量、单距偏心测量或双距偏心测量。

对边测量的结果是两点的相对量，连续对边测量应区分射线式与折线式。射线式对边测量常用于线路工程的横断面测量，在不移动仪器的情况下，可测多条断面。

后方交会测量用于自由设站时测站点的测量，实际工作中经常用到。但后方交会测量相当于测控制点，精度要求比较高，应注意构成图形、多余观测和结果检核。

面积测量实际是面积计算，可调取内存数据计算，也可边测边算，可用于土地征用拆迁、土地整理、土地统计。

道路测设用于道路工程的放样数据计算和放样，主要是放样数据计算，包括直线道路、圆曲线道路和回旋曲线道路中桩点及边桩点的坐标计算。此部分涉及工程测量的内容，可参考有关教科书。

习　　题

3.1　选择题

(1) 放样测量一定先要设作业、设站、定向。(　　)

　　(A) 是　　　　　(B) 不是　　　　(C) 不一定

(2) 不进行设站和定向,测量的对边方位角也是正确的方位角。(　　)

　　(A) 是　　　　(B) 不是　　　　(C) 不一定

(3) 在对边测量程序里,直接从内存里提取 A、B 两点的坐标,就可以知道该两点的距离和方位角。(　　)

　　(A) 是　　　　(B) 不是　　(C) 不一定

(4) 面积测量一定先要设站、定向后才能进行。(　　)

　　(A) 是　　　　　(B) 不是　　　　(C) 不一定

(5) 面积测量一定要按顺时针次序在被测面积图形的拐点上安放棱镜进行测量。(　　)

　　(A) 是　　　　(B) 不是　　　　(C) 不一定

(6) 在面积测量的程序下,提取内存的已知点就可以进行面积计算。(　　)

　　(A) 可以　　　(B) 不可以　　　(C) 不一定

(7) 面积测量,在被测面积的图形顶点立一圈棱镜,起点和终点一定要重复立棱镜。(　　)

　　(A) 是　　　　(B) 不是　　　　(C) 不一定

(8) 输入棱镜高后悬高测量所得到的高差是棱镜中心到悬高点之间的高差。(　　)

　　(A) 是　　　　(B) 不是　　　　(C) 不一定

(9) 用全站仪进行水平角测量,测量程序与经纬仪是一样的,只是置数方法不同而已。(　　)

　　(A) 是　　　　(B) 不是　　　　(C) 不一定

(10) 用 4 个已知点进行自由测站测量,已知点上都可以不安置反光镜,就可以测出待定点的坐标和高程。(　　)

　　(A) 是　　　　(B) 不是　　　　(C) 不一定

3.2　试简述用索佳 SET510K 全站仪进行坐标放样的方法和步骤。

3.3　试简述用索佳 SET510K 全站仪进行对边测量的方法和步骤。

3.4　试简述用索佳 SET510K 全站仪进行悬高测量的方法和步骤。

3.5　试简述用索佳 SET510K 全站仪进行面积测量的方法和步骤。

3.6　全班同学以小组为单位,指导老师现场布设一个五边形,测站点设在五边形中间,指定某一后视方向来定向(测站点坐标及后视方位角由指导老师来提供),要求:

(1) 利用全站仪的坐标测量功能完成五边形五个顶点的坐标测量;

(2) 利用全站仪的对边测量功能完成五边形边长的测量;

(3) 利用全站仪的面积测量功能完成五边形的面积测量;

(4) 利用全站仪的后方交会测量功能,利用(1)中所测数据来交会测站点的三维坐标;

(5) 利用全站仪的偏心测量功能,对场地附近的电线杆或灌木进行偏心测量(要求采用单距偏心和角度偏心两种方法,可互为检核);

(6) 利用全站仪的悬高测量功能,小组内同学相互测量对方的身高;

(7) 利用全站仪的放样测量功能完成两个点的坐标放样(放样点数据由指导老师提供)。

4 全站仪的检验

【学习目标】

1. 掌握全站仪水准器检验的原理和方法；
2. 熟悉全站仪视准轴和水平轴误差检验的原理和方法；
3. 了解全站仪加常数、乘常数检验的原理和方法；
4. 熟悉全站仪补偿器检验的方法和要求；
5. 了解全站仪测角精度检验的方法和要求；
6. 了解全站仪测距精度检验的方法和要求。

【技能目标】

1. 能熟练进行全站仪水准器的检校；
2. 能检验全站仪照准部旋转的正确性；
3. 能检验全站仪的视准轴和水平轴误差；
4. 能熟练进行全站仪指标差的检校；
5. 能检验全站仪的补偿性能；
6. 能检验全站仪的加常数；
7. 能参与全站仪乘常数、测角精度和测距精度的检验。

全站仪是一种集光、机、电于一体的精密测量仪器。为保证观测数据的质量，不同规格的全站仪，其仪器结构、光路和电器参数均应满足相应的精度指标。仪器出厂时会给出这些精度指标，称为标称精度。标称精度是相对一批同规格仪器的一个统计概念，一台仪器的实际精度与标称精度有些差别。另外，仪器在经过一段时间使用后，仪器结构、光路和电器参数也会发生一些变化。所以，使用中的全站仪需要经常进行检验，以便使用者掌握仪器工作状态，从而保证观测数据的质量。全站仪的检验分为自检和送检两类。自检是使用者为了了解、掌握和调整仪器工作性能、状态而自行进行的检验。国家测绘生产管理规范规定，用于测绘生产的仪器必须经有专门资质的检验部门检验合格，且在合格证有效期范围内。所以，测绘生产使用的全站仪必须定期送检。

本章参照全站仪送检内容，介绍全站仪的主要检验项目，以便使用者了解全站仪检验的内容、方法和要求，在使用过程中需要的时候进行自行检验。

4.1 水准器的检校

全站仪的一个重要功能是精密测角，在使用它之前必须对它进行检验，看看它是否满足测角仪器的基本要求，若不满足，则必须进行校正，使之满足这些基本要求。从测角原理可知，测角时仪器水平度盘必须居于水平位置。水平度盘是否水平,是借助水准管气泡居中来实现的。水准管气泡居中了则水准管轴水平,水准管轴水平了则仪器竖轴与铅垂线一致,仪器竖轴与铅垂线一致则水平度盘水平。其中,水平度盘垂直于竖轴是由仪器生产厂家保证的。所以,要满足这一系列的几何关系,最关键的是水准管轴必须垂直于仪器的竖轴。

水准器的检校分圆水准器的检校和管水准器的检校。

4.1.1 圆水准器的检校

4.1.1.1 检校的原理

圆水准器轴是指水准器圆球面中点与球心的连线,仪器竖轴是仪器照准部的旋转轴,即水平度盘的几何中心。若圆水准器轴在空间平行于仪器竖轴,当气泡居中(此时意味着圆水准器轴竖直)时,竖轴就竖直了,与竖轴垂直的水平度盘也就水平了。

若圆水准器轴不平行于仪器竖轴,当气泡居中(此时圆水准器轴竖直)时,竖轴却倾斜了。如图 4.1 所示,VV 为仪器的旋转轴(竖轴),$L'L'$ 为仪器的圆水准器轴,假设它们有一交角 δ,那么当气泡居中时,圆水准器轴竖直,则仪器的旋转轴 VV 与铅垂位置有偏差角 δ,见图 4.1(a)。将仪器照准部绕竖轴旋转 $180°$,见图 4.1(b),由于仪器旋转时是以 VV 为旋转轴,即 VV 的空间位置是不动的,仪器旋转之后,圆水准器中的液体受重力作用,气泡仍将处于最高处。由图 4.1(b)可看出,圆水准器轴与铅垂线之间的夹角为 2δ,这时,圆水准器气泡已不居中,而是偏歪到了另一边,气泡中心偏移的弧长所对应的圆心角即等于 2δ。这说明,在任一位置整平圆水准器,照准部旋转 $180°$ 后,气泡的偏移量反映了圆水准器轴与竖轴的不平行性(偏角的 2 倍)。可以通过脚螺旋调整气泡回到刚才偏离值的一半,如图 4.1(c)所示,然后再通过脚螺旋下的校正螺旋将气泡调回圆水准器中心,此时圆水准器轴就平行于仪器竖轴了,见图 4.1(d)。

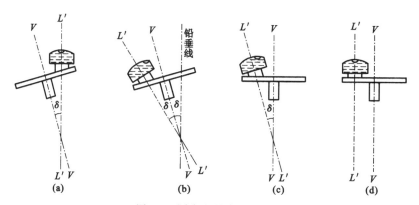

图 4.1 圆水准器检校的原理

4.1.1.2 检校的方法

(1)将全站仪安置于三脚架上,调整脚螺旋使圆水准器气泡居中,见图 4.2(a)。

(2)气泡居中后再将照准部绕竖轴旋转 $180°$,如果圆水准器轴不平行于竖轴,则气泡会偏离分划圈的中心位置,见图 4.2(b),偏离角为 2δ。

(3)用脚螺旋调整仪器,使气泡退回偏离值的一半(δ),见图 4.2(c),这时竖轴就竖直了,再用校正针调整圆水准器的校正螺旋,使气泡再退回偏离值的另一半(δ),见图 4.2(d),此时圆水准器气泡居中了,竖轴也竖直了,从而达到圆水准器轴平行于竖轴。

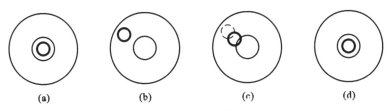

图 4.2 圆水准器的检校

（4）本项检校工作需反复进行,直到符合要求为止。特别是当偏离角 2δ 过大时,照准部旋转 180°后,气泡受限于水准器壁,无法自由偏移,显示出的偏移距离远小于实际偏移的距离,故此时不应该按表面偏移的距离来计数,而应估计调整,待调整到偏角较小、气泡能够自由偏移时,再按各调整一半的原则操作。

4.1.2 管水准器的检校

4.1.2.1 检校的原理

管水准器气泡检校的原理同圆水准器气泡。水准管轴是指过水准管零点的切线,竖轴是仪器的旋转轴。若水准管轴不垂直于仪器竖轴,当气泡居中（此时水准管轴处于水平）时,竖轴却倾斜了,其倾斜角即是水准管轴与水平度盘面的夹角（设为 α）,见图 4.3（a）。将全站仪照准部绕竖轴旋转 180°时,竖轴的空间位置没有改变,仍倾斜 α,但水准管的高低两端却易位了,水准管中心偏离了 $2e$（即此时的水准管轴与水平面的夹角为 2α）,见图 4.3（b）,其中一个 e 是竖轴倾斜引起,另一个 e 是水准管轴和水平度盘面的夹角。所以当气泡居中后再将照准部绕竖轴旋转 180°时,气泡的法线方向偏离竖直面的夹角为 2α。

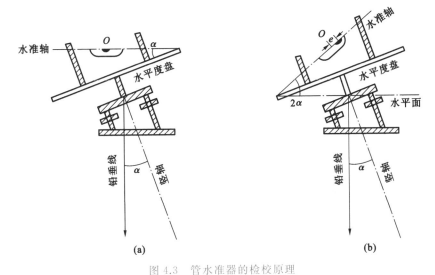

图 4.3 管水准器的检校原理

(a) 气泡居中,水准轴水平；(b) 旋转照准部 180°,气泡偏差为 e

4.1.2.2 检校的方法

（1）将全站仪安置于三脚架上,粗略整平。

（2）将水准管平行于任意两个脚螺旋 A 和 B,调整脚螺旋 A 和 B,使管水准器气泡居中。

然后转动照准部180°,若气泡仍居中,则符合要求,否则须校正。

（3）转动水准管的校正螺旋,使气泡移动总偏移量的一半 e,再调整脚螺旋,使气泡居中。

（4）当偏离角 α 过大,转180°后,气泡受限于水准管壁,无法自由偏移,显示出的偏移格数远小于实际偏移的格数,故此时不应该按表面偏移的格数来计数,而应估计调整,待调整到 α 角较小、气泡能够自由偏移时,再按各调整一半的原则操作。

（5）本项校正工作需反复进行,直到符合要求。

管水准器校正过程如图4.4所示。

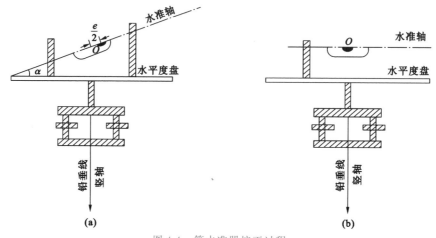

图4.4 管水准器校正过程

（a）用脚螺旋改正 $\frac{e}{2}$；（b）用水准器校正螺旋改正 $\frac{e}{2}$

4.2 照准部旋转正确性的检验

全站仪照准部旋转正确性的检验是全站仪的常规计量检定项目。全站仪的照准部围绕竖轴旋转时,固定在基座上的水平度盘应保持不动。但是也有的时候,水平度盘因为空隙带动误差或弹性带动误差,在仪器旋转时,水平度盘被轻微带动。全站仪在使用过程中若存在这种带动误差,将显著影响观测数据的质量。有的全站仪自带有垂直轴稳定性测试程序,有的全站仪没有这种测试程序。以下分两种情况说明全站仪照准部旋转正确性检验的方法。

4.2.1 无测试垂直轴稳定性程序的全站仪照准部旋转正确性的检验

在全站仪机内没有测试垂直轴稳定性程序的全站仪,其检验方法和技术要求与光学经纬仪相同,检验的结果应符合表4.1的要求。

表 4.1 照准部旋转正确性性能要求

序号	项目	仪器等级							
		Ⅰ (″)		Ⅱ (″)		Ⅲ (″)		Ⅳ (″)	
		0.5	1.0	1.5	2.0	3.0	5.0	6.0	10.0
1	照准部旋转正确性	电子气泡10.0″	长气泡0.3格	电子气泡20.0″	长气泡1.0格	电子气泡30.0″	长气泡1.5格	电子气泡30.0″	长气泡3.0格

检定步骤：

① 安置仪器在三脚架上，精确整平后转动照准部数周，读取照准部上的管水准器气泡两端读数。

② 顺时针方向旋转照准部，每隔 45°读取水准器气泡一次，顺时针方向进行三周观测。

③ 逆时针方向旋转照准部，每隔 45°读取水准器气泡一次，逆时针方向也进行三周观测。

④ 取每一周中对径位置读数的平均值，再取六周检定中最大值与最小值之差为照准部旋转正确性的检验结果。

4.2.2 有测试垂直轴稳定性程序的全站仪照准部旋转正确性的检验

有测试垂直轴稳定性程序的全站仪带有电子气泡，可从显示屏直接读取竖轴的倾斜量。当照准部旋转时，能从显示出的竖轴倾斜量的变化幅度判别其照准部旋转的正确性。

检定步骤：

① 安置仪器，精确整平后转动照准部数周。

② 输入测试指令，记录显示屏上显示 0°位置时竖轴的倾斜量（带符号）。

③ 顺时针旋转照准部，每次变动 45°位置时，分别读取并记录显示的垂直倾斜值，连续顺时针旋转两周。

④ 逆时针旋转照准部，同样方法记录每变动 45°时的读数，逆时针旋转两周观测记录。

⑤ 计算照准部对径 180°时两读数之和（照准部 45°时，对径位置为 225°）。取 4 周检定中对径位置读数之和的最大值与最小值之差为照准部旋转正确性的检验结果。整个检验过程中，各次读数的最大变动应小于表 4.1 中的要求。

检验实例见表 4.2。

表 4.2 照准部旋转正确性检验表

照准部位置	垂直角读数 $x_1(")$	照准部位置	垂直角读数 $x_2(")$	$x_1 + x_2(")$
顺转第一周				
0°	-1	180°	-3	-3
45°	-2	225°	-5	-5
90°	0	270°	-4	-7
135°	-1	315°	-7	-4
顺转第二周				
0°	-3	180°	-6	-5
45°	0	225°	-8	-7
90°	-1	270°	-5	-9
135°	-2	315°	-2	-5
逆转第一周				
0°	-5	180°	-4	-6
45°	-2	225°	-6	-7

续表 4.2

照准部位置	垂直角读数 $x_1('')$	照准部位置	垂直角读数 $x_2('')$	$x_1 + x_2('')$
90°	-2	270°	-7	-10
135°	-4	315°	-3	-8
逆转第二周				
0°	-4	180°	-8	-5
45°	0	225°	-3	-7
90°	-3	270°	-7	-10
135°	-6	315°	-7	-7
照准部旋转正确性为:$7''$				

4.3　视准轴误差、水平轴误差的检定

4.3.1　视准轴误差及水平轴误差的概念

如图 4.5 所示,望远镜视准轴是十字丝中心与物镜光心的连线 CC。水平轴是望远镜的旋转轴,也叫横轴,即图 4.5 中的 HH。竖轴是仪器照准部的旋转轴中心,也叫垂直轴,即图 4.5 中的 VV。这三轴之间必须满足下列条件:

① 视准轴 CC⊥水平轴 HH;

② 水平轴 HH⊥竖轴 VV;

③ 竖轴与测站铅垂线一致。

视准轴误差是指视准轴不垂直于水平轴的误差。水平轴误差是指水平轴不垂直于竖轴的误差。视准轴误差和水平轴误差一般是因为安装不完善或运输途中,或使用过程中造成仪器三轴的轻微变化而产生的误差。

如果视准轴垂直于水平轴,视准轴绕水平轴旋转得到的是一个平面。如果视准轴不垂直于水平轴,视准轴绕水平轴旋转得到的是一个锥面。此时视准轴不垂直于水平轴,存在视准轴误差角 c。

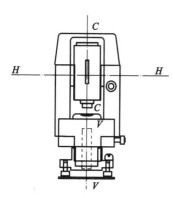

图 4.5　全站仪视准轴、水平轴及竖轴示意图

一般来说,望远镜支架两端应该等高,但是安装过程中可能发生支架两端不等高的情况,由此引起水平轴 HH 不垂直于竖轴 VV,而产生水平轴误差 i。当竖轴竖直时,若水平轴垂直于竖轴,则视准轴扫出一竖直面;若水平轴不垂直于竖轴,则视准轴扫出一倾斜面,它和铅垂线的夹角也为 i。因此,用带有水平轴误差的全站仪去瞄准同一铅垂面内不同高度的目标,水平度盘读数将会不同,从而影响测量水平角的精度。

视准轴误差和水平轴误差都可以通过正倒镜观测取平均值的方法加以消除。但测量规范规定,当视准轴误差和水平轴误差大于一定限值时需要进行校正。

视准轴误差及水平轴误差的限差要求见表 4.3。

表 4.3　视准轴误差及水平轴误差的限差要求

序号	项目	仪器等级						
		Ⅰ (″)		Ⅱ (″)		Ⅲ (″)		Ⅳ (″)
		0.5	1.0	1.5	2.0	3.0	5.0 　 6.0	10.0
1	视准轴误差 c (″)	6.0		8.0		10.0		16.0
2	水平轴误差 i (″)	10.0		15.0		20.0		30.0

4.3.2　视准轴误差及水平轴误差检验的方法

全站仪的视准轴误差及水平轴误差通常是同时存在的。为了方便,以下介绍采用"高、低点法"同时进行视准轴误差 c 和水平轴误差 i 的检校方法。

4.3.2.1　检验场地的布置

选择一适当的墙面(或其他合适的垂直面),在距墙面 5~10 m 处安置全站仪。在墙面上设置高、低两个观测目标 H、L,如图 4.6 所示。要求 H、L 两点大致在同一铅垂线上(对全站仪形成的水平角很小,照准时不需要旋转照准部,只需旋转水平微动螺旋即可),H、L 两点的垂直角 α_1、α_2 绝对值应大于 3°,且 α_1、α_2 的绝对值应尽量相等,差值不超过 30″。

设置目标时可用仪器指挥,也可初步设置后再观测调整。

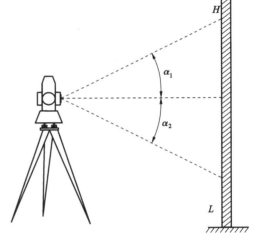

图 4.6　采用"高、低点法"检定布置图

4.3.2.2　检验方法及步骤

(1)仪器置于三脚架上,精确整平仪器。

(2)对 H、L 两点进行 6 个测回的水平角观测,测回间变换水平度盘 30°,前 3 个测回均按顺时针旋转照准部进行观测,后 3 个测回均按逆时针旋转照准部进行观测。对于 J2 级全站仪,测回间水平角互差不超过 8″,各测回间高点 P_1 方向或低点 P_2 方向的 2c 互差不超过 10″,超限测回应重测。

(3)对 H、L 两点的垂直角按中丝法各观测 3 个测回。对于 J2 级全站仪,测回间垂直角和指标差的互差不超过 10″,超限测回应重测。

4.3.2.3　视准轴误差和水平轴误差计算

设 L_H、R_H 分别为高点 H 盘左、盘右观测方向值,L_L、R_L 分别为低点 L 盘左、盘右观测方向值,α_H、α_L 分别为高点 H 和低点 L 的垂直角,根据视准轴误差 c 和水平轴误差 i 对水平角读数的影响规律有:

$$\left.\begin{aligned} L_H - R_H &= \frac{2c}{\cos\alpha_H} + 2i\tan\alpha_H \\ L_L - R_L &= \frac{2c}{\cos\alpha_L} + 2i\tan\alpha_L \end{aligned}\right\} \tag{4.1}$$

考虑到对于所设高、低点有 $|\alpha_H| = |\alpha_L| = \alpha$，由两式相加和相减分别可解出 c 和 i：

$$
\left.
\begin{aligned}
c &= \frac{1}{4}\left[(L_H - R_H) + (L_L - R_L)\right]\cos\alpha \\
i &= \frac{1}{4}\left[(L_H - R_H) - (L_L - R_L)\right]\cot\alpha
\end{aligned}
\right\}
\tag{4.2}
$$

当高、低点观测 6 个测回时，下式中 $n = 6$。

$$
\left.
\begin{aligned}
c &= \frac{1}{4n}\left[\sum_1^n (L_H - R_H) + \sum_1^n (L_L - R_L)\right]\cos\alpha \\
i &= \frac{1}{4n}\left[\sum_1^n (L_H - R_H) - \sum_1^n (L_L - R_L)\right]\cot\alpha
\end{aligned}
\right\}
\tag{4.3}
$$

若令

$$
\left.
\begin{aligned}
c_H &= \frac{1}{2n}\sum_1^n (L_H - R_H) \\
c_L &= \frac{1}{2n}\sum_1^n (L_L - R_L)
\end{aligned}
\right\}
\tag{4.4}
$$

则视准轴误差 c 和水平轴误差 i 的计算公式：

$$
\left.
\begin{aligned}
c &= \frac{1}{2}(c_H + c_L)\cos\alpha \\
i &= \frac{1}{2}(c_H - c_L)\cot\alpha
\end{aligned}
\right\}
\tag{4.5}
$$

式中：

$$
\alpha = \frac{1}{2}(\alpha_H - \alpha_L)
\tag{4.6}
$$

4.3.2.4 算例

下面是采用高、低点法进行视准轴误差和水平轴误差检验的算例。

观测数据见表 4.4 和表 4.5。

表 4.4 高、低点法水平角观测记录

仪器:KTS440		观测者:		记录者:			时间: 年 月 日		
度盘位置	目标	水平度盘读数				2c	平均值	水平角	
		盘左(L)		盘右(R)					
(°)		(° ′ ″)	(″)	(° ′ ″)	(″)	(″)	(″)	(° ′ ″)	
0 (顺)	H 高点	0 00 32 30	31	180 00 28	28	+03	29.5	0 00 39.5	
	L 低点	0 01 12 12	12	180 01 07 05	06	+06	09.0		
30	H	30 11 52 50	51	210 11 46 47	46	+06	49.0	0 00 41.5	
	L	30 12 32 34	33	210 12 27 28	28	+05	30.5		

| 仪器:KTS440 | | 观测者: | | | 记录者: | | | 时间: | 年　月　日 | |

度盘位置	目标	水平度盘读数						2c	平均值	水平角		
		盘左(L)				盘右(R)						
(°)		(°　′　″)		(″)	(°　′　″)		(″)	(″)	(″)	(°　′　″)		
60	H	60　23　42 43		42	240　23　38	39	38	+04	40.0	0　00　39.0		
	L	60　24　24		24	240　24　14		14	+10	19.0			
90（逆）	H	90　34　30 33		32	270　34　25		26	+06	29.0	0　00　44.5		
	L	90　35　17 17		17	270　35　11	10	10	+07	13.5			
120	H	120　46　10		12	300　46　03		02	+10	07.0	0　00　43.0		
	L	120　46　57		56	300　46　50 50		50	+06	50.0			
150	H	150　58　00		00	330　57　56		55	+05	57.5	0　00　40.0		
	L	150　58　40		41	330　58　34		34	+07	37.5			

$$c_H = \frac{1}{2n} \sum_1^n (L_H - R_H) = \frac{1}{2 \times 6}(+34'') = +2.8''$$

$$c_L = \frac{1}{2n} \sum_1^n (L_L - R_L) = \frac{1}{2 \times 6}(+41'') = +3.4''$$

注:$2c$＝左－右±180°;平均值＝1/2(左＋右±180°)。

表 4.5　高、低点法垂直角观测记录

| 仪器:KTS440 | | 观测者: | | | 记录者: | | | 时间: | 年　月　日 | |

目标	测回	垂直度盘读数						指标差	垂直角		
		盘左(L)				盘右(R)					
		(°　′　″)		(″)	(°　′　″)		(″)	(″)	(°　′　″)		
高点	Ⅰ	79　59　57		58	280　00　20		54	+10	+10　00　12		
	Ⅱ	79　59　50		51	280　00　25		24	+08	+10　00　16		
	Ⅲ	80　00　02		01	280　00　21		22	+12	+10　00　10		
							中数		－10　00　13		

续表 4.5

目标	测回	垂直度盘读数				指标差	垂直角	
		盘左(L)		盘右(R)				
		(° ′ ″)	(″)	(° ′ ″)	(″)	(″)	(° ′ ″)	
低点	I	100 00 31	31	259 59 50	49	+10	−10 00 21	
	II	100 00 26	25	259 59 49	49	+12	−10 00 13	
	III	100 00 30	32	259 59 47	48	+10	−10 00 22	
						中数	−10 00 19	
							$\alpha = 10$ 00 16	

仪器:KTS440　　观测者:　　记录者:　　时间: 年 月 日

$$i = \frac{1}{2}(c_H - c_L)\cot\alpha = \frac{1}{2} \times (2.8'' - 3.4'') \times 5.669 = -1.7''$$

$$c = \frac{1}{2}(c_H + c_L)\cos\alpha = \frac{1}{2} \times (2.8'' + 3.4'') \times 0.9848 = +3.1''$$

4.3.2.5　校正方法

当视准轴误差和水平轴误差检验结果超过限差时,需要对仪器进行视准轴误差和水平轴误差校正。如果全站仪没有视准轴误差和水平轴误差自动校正程序,就需要送到专门的部门进行校正。目前大部分全站仪都有水平轴误差校正功能。启动水平轴误差检验校正功能,一般采用高、低点法或平、低点法来检验水平轴误差。检验观测完成后,仪器自动计算检验结果并存储于仪器内存中。在进行水平角观测时,仪器会自动按存储数据对水平角观测值进行水平轴误差改正。

不同的全站仪进行水平轴误差校正时的操作可能会有些差异,但其基本操作步骤主要为:

(1)检验场地仿照图 4.6 所示布置,如果按平、低点法进行观测,以平视点代替高点即可。精密整平仪器。

(2)开机并启动水平轴误差校正功能,按仪器屏幕的提示分别在盘左、盘右位置进行观测,观测完成后,仪器自动计算水平轴误差并存储到仪器内存以供进行误差改正。

不同仪器对照准和读数的次数要求也可能不同。一般来说,照准和读数次数在仪器系统内都有标识。还有些仪器内部有较严的限差,当新检定的水平轴误差大于该限差时,仪器不保存该值,这就需要将仪器送专门机构检校,或送厂维修。

4.4　垂直度盘指标差的检校

4.4.1　垂直度盘指标差的概念

垂直角是仪器到目标的视准线与水平线在垂直面内的夹角。当视准线水平时,如仪器已经进行精密整平,且三轴的几何关系也进行了校正,则垂直度盘读数应为 90°,此读数为天顶距,垂直角＝90°－读数＝0°。实际上,由于垂直度盘系统中各部件的关系不完善,实际读数的指标位置与正确读数的指标位置通常有一差值,如图 4.7(a)中的角度 i ,这一差值即为垂直度盘指标差,它会影响垂直角观测的正确读数。

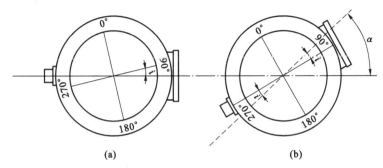

图 4.7　垂直度盘指标差的影响

表 4.6 中列出了不同等级的全站仪的垂直度盘指标差的限差。

表 4.6　垂直度盘指标差的限差

序号	项目	仪器等级							
		I (″)		II (″)		III (″)			IV (″)
		0.5	1.0	1.5	2.0	3.0	5.0	6.0	10.0
1	垂直度盘指标差 i (″)	12.0		16.0		20.0			30.0

如图 4.7(b)所示,当存在指标差 i 时,观测某点的垂直角为 α ,对于常见的垂直度盘分划,盘左位置的正确垂直角值为:

$$\alpha = 90° - L + i \tag{4.7}$$

式中　L——盘左垂直角观测值。

盘右位置的正确垂直角值为:

$$\alpha = R - 270° - i \tag{4.8}$$

式中　R——盘右垂直角观测值。

根据式(4.7)和式(4.8),可解出观测目标的垂直角 α 和仪器垂直度盘指标差 i 的计算公式:

$$\alpha = \frac{1}{2}(R - L - 180°) \tag{4.9}$$

$$i = \frac{1}{2}(L + R - 360°) \tag{4.10}$$

由式(4.9)可看出,指标差本身的大小并不影响观测值的结果,它可以通过盘左、盘右观测值取平均值加以消除。但当全站仪只进行盘左观测时(如数据采集时,或放样测量时),指标差仍然影响垂直角观测质量,故当指标差大于限差时应对仪器进行校正。

4.4.2　垂直度盘指标差的检校

目前,大部分全站仪一般都带有垂直度盘指标差校正功能。按照全站仪制定的垂直度盘指标差检校程序测量出指标差,测量完成后,全站仪会对垂直度盘读数的基准进行自动修正。

具体的检校步骤如下:

① 安置好仪器并精密整平,开机启动仪器的指标差检校程序。

② 按照仪器提示,用盘左照准与仪器同高的稳定目标,按"确认"键。

③ 按照仪器提示,转到盘右,照准同一目标,按"确认"键。

④ 仪器会显示新测定的指标差和原有指标差。若要存入新值,则按"确认"键,若按"退出"键则保留上一次指标差。

有些全站仪新测定的指标差是相对于前一次的值,其绝对量的大小未知,获得的指标差的数值一般较小,需要用户仔细读操作手册来判断是哪种情况。

4.5 补偿性能的检验

进行测角时,要求全站仪的竖轴铅直,但是一般情况下通过脚螺旋进行的整平不完善,仍然会造成竖轴的轻微倾斜,进而对水平方向以及垂直角的测量带来误差。早期的全站仪采用单轴补偿器来补偿仪器竖轴倾斜对垂直角观测的影响。现在的全站仪一般配备了双轴补偿器,双轴补偿器既能补偿竖轴倾斜对垂直角观测的影响,也能补偿竖轴倾斜对水平角观测的影响。因为竖轴倾斜误差对水平角观测和垂直角观测的影响不能通过盘左、盘右观测取平均值的方法来消除,所以补偿器的性能直接影响水平角和垂直角观测的精度。

全站仪补偿器的计量性能要求见表 4.7。

表 4.7 补偿器计量性能要求

序号	项目	仪器等级							
		I ($''$)		II ($''$)		III ($''$)			IV ($''$)
		0.5	1.0	1.5	2.0	3.0	5.0	6.0	10.0
1	补偿器补偿范围($'$)	2~3		2~3		2~3			2~3
2	补偿器零位误差($''$)	10.0		20.0		30.0			30.0
3	补偿器补偿误差(纵横)($''$)	3.0		6.0		12.0			20.0

4.5.1 补偿器零位误差检验

如图 4.8 所示,安置仪器,基座按图示,脚螺旋 A 在平行光管的视准线方向上,另两个脚螺旋 B、C 连线垂直于平行光管视准线。因仪器非整平因素对补偿器零位误差影响很大,因此检验补偿器零位误差时,应将仪器精密整平。

自行进行此项检验,无平行光管时,可找一稳定的观测目标代替平行光管。

检验步骤如下:

① 安置仪器,精密整平仪器后转动照准部数周。

② 将仪器正镜位置于 90°或者倒镜位置于 270°附近。

③ 在任意位置将水平角置零,并读取此时垂直角相对 90°或者 270°的差值。

④ 顺时针旋转照准部,每隔 45°读取垂直角相对 90°或 270°的差值一次,共进行两周。

⑤ 逆时针旋转照准部,每隔 45°读取垂直角相对 90°或 270°的差值一次,共进行两周。

⑥ 计算每一周中对径位置读数之差,取 4 周检定中对径位置读数之差绝对值的最小值的一半为补偿器零位误差,其结果要符合表 4.7 的要求。

4.5.2　补偿范围检验

全站仪补偿器的补偿范围分纵向和横向两个量。

4.5.2.1　纵向补偿范围

有些仪器无显示横轴倾斜值的功能,按照图 4.8 所示安置仪器并精密整平,使望远镜大致水平,顺时针转动脚螺旋 A,使仪器上倾,直到天顶距读数停止变化为止,记下最后一个读数 M_1,再逆时针转动脚螺旋 A,使仪器下倾,直到天顶距读数停止变化,记下最后一个读数 M_2,则 $(M_2 - M_1)/2$ 即为纵向补偿范围。

图 4.8　补偿器检验

4.5.2.2　横向补偿范围

当仪器具有显示竖轴双向倾斜值的功能时,按照图 4.8 所示安置仪器,精密整平仪器,使纵向的显示值为 $0''$ 左右,调整脚螺旋 B 和 C(等速地升 B 降 C),使仪器缓慢倾向右侧,直到横向显示值停止变化为止,记下最后一个读数 Y_1;调整脚螺旋 B 和 C 复原后,再使仪器倾向左侧(等速地升 C 降 B),直到横向显示值停止变化为止,记下最后一个读数 Y_2,则 $(Y_2 - Y_1)/2$ 即为横向补偿范围。

最后取纵向和横向补偿范围中的较小值作为仪器的补偿范围。全站仪补偿器的补偿范围应不小于其标称值。

4.5.3　补偿器补偿误差的检验

4.5.3.1　垂直角的补偿误差

垂直角的补偿误差,可通过对目标点进行微倾状态下观测来检验。选定一稳定的目标点,在适当的位置安置仪器。其中仪器的三个脚螺旋的摆放位置与目标的关系按照图 4.8 布置。

具体操作步骤如下:

① 在盘左位置整置好仪器,用望远镜横丝精确照准目标点,读取天顶距 M_1,照准、读数各 3 次,取平均值。

② 转动脚螺旋 A,使仪器上仰(仰角小于以上测定的仪器补偿范围)后,再用垂直微动螺旋,使望远镜重新照准目标点,读取天顶距 M_2,照准、读数各 3 次,取平均值。

③ 反方向转动脚螺旋,使仪器回复水平后再下倾(倾角略小于仪器补偿范围),再用垂直微动螺旋,使望远镜重新照准目标点,读取天顶距 M_3,照准、读数各 3 次,取平均值。

④ 转动脚螺旋 A,使得仪器回复水平,再微动望远镜精确照准目标点,读取天顶距 M_4,照准、读数各 3 次,取平均值。

⑤ 计算垂直角的补偿误差:

$$\Delta_1 = M_2 - M_1, \quad \Delta_2 = M_3 - M_1, \quad \Delta_3 = M_4 - M_1 \tag{4.11}$$

取其中绝对值最大者作为检验结果,结果应符合表 4.7 中第 3 项的要求。

4.5.3.2　水平角的补偿误差

水平角的补偿误差,也可通过对目标点进行微倾状态下观测来检验。选定两个相隔很近的目标点,在适当的位置安置仪器。其中仪器的三个脚螺旋的摆放位置与目标的关系按照图 4.8 布置。

具体操作步骤如下:

① 在盘左位置整置好仪器,用望远镜竖丝精确照准左目标点,水平度盘置零。

② 旋转望远镜使竖丝精确照准右目标点,读取水平方向读数 N_1,照准、读数各 3 次,取平均值。

③ 旋转脚螺旋 B 和 C,使仪器左倾 $1'30''$ 后,用望远镜竖丝精确照准左目标点,水平度盘置零,然后再用望远镜竖丝精确照准右目标点,读取水平方向读数 N_2,照准、读数各 3 次,取平均值。

④ 反方向转动脚螺旋 B 和 C,使仪器右倾 $1'30''$,用望远镜竖丝精确照准左目标点,水平度盘置零,然后再用望远镜竖丝精确照准右目标点,读取水平方向读数 N_3,照准、读数各 3 次,取平均值。

⑤ 转动脚螺旋,使仪器恢复水平,再用望远镜竖丝照准右目标点,读水平方向读数 N_4,照准、读数各 3 次,取平均值。

⑥ 计算水平角的补偿误差:

$$\Delta_1 = N_2 - N_1, \quad \Delta_2 = N_3 - N_1, \quad \Delta_3 = N_4 - N_1 \tag{4.12}$$

取其中绝对值最大者作为检验结果,结果应符合表 4.7 中第 3 项的要求。

4.6　测距轴与视准轴重合性的检验

测距轴是测距信号的发射与接收的光轴,测距轴的检查与调整一般均是由仪器生产厂家或者仪器维修中心负责完成。现在的全站仪一般都采用测距轴与视准轴同轴的光学系统,即测距轴与视距轴重合,这表明当望远镜十字丝照准反射棱镜中心时,测距信号最大。

仪器出厂时,全站仪的测距轴与视准轴一般是重合的,十字丝照准棱镜中心,测距轴也对准了棱镜中心,测距信号返回良好。全站仪在使用过程中,有时会出现测距轴与视准轴不重合的情况。此时,十字丝照准棱镜中心,测距轴却没有对准棱镜中心,测距信号返回不良,甚至无测距信号返回,不能测距。这种情况在短距离测量中尤为明显。全站仪的测距轴与视准轴不重合,可能会影响观测数据的精度,特别在野外作业时造成不方便,影响工作效率。

全站仪测距轴与视准轴重合性的检验,需要在与测站相距 $50 \sim 100$ m 处,设立一目标,安置棱镜,棱镜与仪器近似同高。

具体操作步骤如下:

① 仪器置于稳定的三脚架上,精确整平仪器。

② 照准棱镜中心,读取水平方向读数 H 及垂直角 α。

③ 将测距模式改为跟踪,分别向左、右(水平方向)转动望远镜,直到测距信号减弱到临界值,不能正常测距为止,分别读取此时的水平方向读数 H_1 和 H_2。

④ 分别向上、下(垂直方向)转动望远镜,直到测距信号减弱到临界值,不能正常测距为止,分别读取此时的天顶距读数 α_1 和 α_2。

⑤ 计算水平角及垂直角的张角绝对值:

$$\begin{aligned} \Delta H_1 = |H_1 - H|; & \quad \Delta H_2 = |H_2 - H| \\ \Delta \alpha_1 = |\alpha_1 - \alpha|; & \quad \Delta \alpha_2 = |\alpha_2 - \alpha| \end{aligned} \right\} \tag{4.13}$$

当 $\Delta H_1 - \Delta H_2 \leqslant \dfrac{1}{5}|H_1 - H_2|$ 及 $\Delta \alpha_1 - \Delta \alpha_2 \leqslant \dfrac{1}{5}|\alpha_1 - \alpha_2|$ 均成立时,可以认为测距

轴与视准轴重合性合格。否则,测距轴与视准轴重合性不合格,需要将仪器送到仪器维修中心,调整发光管的位置。

4.7　加常数、乘常数的检定

对于全站仪测距功能的检定,《全站型电子测速仪检定规程》(JJG 100—2003)要求完全按照《光电测距仪检定规程》(JJG 703—2003)的规定进行。规程中光电测距仪按测程分为短程、中程、长程。测距小于 3 km 为短程测距仪,3 km 至 15 km 为中程测距仪,测距大于 15 km 至 60 km 为长程测距仪。按出厂标称精度,归算到 1 km 的测距中误差计算,分为三级,见表 4.8。

表 4.8　测距仪的准确度分级

准确度等级	测距标准差(mm)	
	中、短程测距仪	长程测距仪
Ⅰ	$\sigma_D \leqslant 1 + 1 \times 10^{-6} D$	$m_d \leqslant 5 + 1 \times 10^{-6} D$
Ⅱ	$1 + 1 \times 10^{-6} D < \sigma_D \leqslant 3 + 2 \times 10^{-6} D$	
Ⅲ	$3 + 2 \times 10^{-6} D < \sigma_D \leqslant 5 + 5 \times 10^{-6} D$	
Ⅳ(等外级)	$\sigma_D > 5 + 5 \times 10^{-6} D$	

注:D 为测量距离,单位为 km。

全站仪的测距加常数和乘常数是全站仪测距功能中的两个重要参数,它影响全站仪的测距准确度,是全站仪测距检定部分的重要内容。全站仪测距相位起算点与其在测距时的几何对中位置不一致称为仪器常数,仪器常数出厂时一般设置为 0。棱镜的测距信号反射等效面与棱镜杆几何中心不一致称为棱镜常数。棱镜常数由仪器使用说明书给出,使用中输入仪器内存自动改正。全站仪的加常数 C 就是由于这两种常数的变化或改正不完善所造成对距离测量的综合影响,故又称剩余加常数。仪器的乘常数 R 是与距离成正比关系的固定误差系数。乘常数 R 主要是由测距信号频率偏移引起的,也与气象改正不彻底、发光管相位不均匀性等因素有关。

检定加常数 C 的方法很多,常用的有解析法、比较法等。乘常数 R 一般采用基线比较法检定。本节先介绍三段比较法检定全站仪加常数,再介绍六段基线比较法进行全站仪乘常数的检定,求解时,将仪器的加常数 C 作为未知数,一并解算,即同时检定加常数和乘常数。

按规定,检定所得的全站仪测距加常数、乘常数的标准差不应大于该仪器标称标准差的1/2。

4.7.1　三段比较法测定加常数

选择一平坦场地,将长约 60 m 至 100 m 的直线分成三段,设置 A、B、C、D 共 4 个强制对中测量点,此 4 点应位于同一直线同一水平面上,偏离直线的距离不得大于 1 mm。

安置全站仪,往返测量 AB、AC、AD、BC、BD、CD 的距离。

加常数计算:

$$C_1 = AB + BC - AC$$
$$C_2 = AC + CD - AD$$

$$C_3 = AB + BD - AD$$
$$C_4 = BC + CD - BD$$

取 4 个加常数的平均值,得加常数为:

$$C = \frac{C_1 + C_2 + C_3 + C_4}{4} \qquad (4.14)$$

加常数 C 单次测量中误差为:

$$\sigma_C = \frac{\omega_n}{d_n} = \frac{1}{d_n}(C_{i\,max} - C_{i\,min}) \qquad (4.15)$$

式中　ω_n——极差,即最大测量值与最小测量值之差;

　　　d_n——系数,当 $n=4$ 时,$d_n = 2.059$,$n = 1,2,3,4$。

当 $n \leqslant 15$ 时,$d_n \leqslant \sqrt{n}$。式(4.15)可简化为:

$$\sigma_C \approx \frac{\omega_n}{\sqrt{n}} \qquad (4.16)$$

检定加常数时,如果输入了棱镜常数,则检定结果为剩余加常数,对观测值进行改正时,将棱镜常数与剩余加常数合并作为棱镜常数输入仪器。检定时如果没有输入棱镜常数,则检定结果是包括棱镜常数的加常数,对观测值进行改正时,将此结果作为棱镜常数输入仪器。

气象改正对此项检定影响甚微,可不进行气象改正。

三段比较法不需要基线场地,观测量不大,是一种适合使用者自行检定全站仪加常数的方法。

4.7.2　六段基线比较法

基线比较法是利用被检仪器对高精度基线进行观测,比较观测值与基线值的差值,通过平差计算乘常数和加常数的方法。因习惯上一般将基线分为六段进行观测,故称为六段基线比较法,简称六段法。

4.7.2.1　场地布置

六段基线比较法需要在高精度的基线场地进行。自行设置基线场,成本较高,且难以满足精度要求,故此项检定一般在专业的基线场进行。

基线场布置如图 4.9 所示。

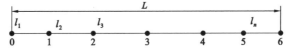

图 4.9　六段基线比较法基线场布置示意图

对基线场的要求:

① 基线场应选择环境安静、不受外界干扰的地方。

② 整个基线长度不小于 1 km。

③ 对于六段法,应该埋设有稳固的 7 个观测墩。各观测墩的顶部,预埋安置仪器和棱镜的连接螺丝,并使其位于同一直线和同一水平面上。

④ 基线场各观测墩间的距离应用铟钢尺精确测定,其准确度应优于 2×10^{-5},并定期进行检测。

4.7.2.2 距离观测及数据整理

为了提高检定的准确度,需要增加多余观测,通常采用全组合观测法可观测 21 段距离值。全组合观测法得到的 21 个距离如下:

$$
\begin{array}{cccccc}
l_{01} & l_{02} & l_{03} & l_{04} & l_{05} & l_{06} \\
l_{12} & l_{13} & l_{14} & l_{15} & l_{16} \\
 & l_{23} & l_{24} & l_{25} & l_{26} \\
 & & l_{34} & l_{35} & l_{36} \\
 & & & l_{45} & l_{46} \\
 & & & & l_{56}
\end{array}
$$

在 0 号观测墩上安置仪器,棱镜依次安置于 1、2、…、6 号观测墩,分别进行观测。各基线段上的观测均为 1 次照准,5 次读数,取平均值,分别测得距离观测值为 l_{01}、l_{02}、…、l_{06}。将仪器移动到 1 号观测墩上安置,棱镜依次安置于 2、…、6 号观测墩,分别进行观测。……直至测完全部 21 段距离观测值。

距离观测时需要同时测定测线的温度和气压,以对各段距离观测值进行气象改正。

如果各观测墩面存在高差,或因棱镜高与仪器高不同而造成视线倾斜,需要对各段距离观测值进行倾斜改正。

如果仪器存在明显的周期误差且已知,需要对各段距离观测值进行周期误差改正。

最后得到经各种改正后的距离观测值 D_i,其中 $i=01,02,\cdots,06,12,\cdots,16,\cdots,56$。

4.7.2.3 加常数、乘常数(C、R)的计算

加常数、乘常数(C、R)的计算按严密平差进行。

(1) 列出误差方程式

设 6 段独立距离段的基线值为 $D_{01}^0,D_{02}^0,\cdots,D_{06}^0$,可计算各组合距离段的基线值 $D_{12}^0,\cdots$,$D_{16}^0,D_{23}^0,\cdots,D_{26}^0,D_{34}^0,\cdots,D_{36}^0,D_{45}^0,D_{46}^0,D_{56}^0$。

设仪器的加常数为 C,乘常数为 R,则有平差值方程:

$$D_i + C + D_i R + v_i = D_i^0 \tag{4.17}$$

令

$$d_i = D_i^0 - D_i \tag{4.18}$$

则有误差方程式:

$$v_i = -C - D_i R + d_i \tag{4.19}$$

式中 d_i——误差方程式的常数项,mm;

D_i——距离观测值,km,$i=01,02,\cdots,06,12,\cdots,16,\cdots,56$。

C 的单位为 mm,R 的单位为 mm/km,v_i 的单位为 mm。

根据式(4.19),可列出 21 个误差方程式。其中未知数 C 的系数均为 -1,而未知数 R 的系数对选定的基线场来说是个确定值。

(2) 组成并解算法方程

误差方程式列完后,按间接平差方法组成法方程:

$$
\left.
\begin{array}{l}
nC + \sum\limits_{i=1}^{n} D_i R - \sum\limits_{i=1}^{n} d_i = 0 \\[2mm]
\sum\limits_{i=1}^{n} D_i C + \sum\limits_{i=1}^{n} D_i^2 R - \sum\limits_{i=1}^{n} D_i d_i = 0
\end{array}
\right\}
\tag{4.20}
$$

式中 n——组合基线的段数。

解法方程得：

$$\left.\begin{array}{l}C=\dfrac{\displaystyle\sum_{i=1}^{n}d_i\sum_{i=1}^{n}D_i-\sum_{i=1}^{n}D_i^2R\sum_{i=1}^{n}d_i}{\left(\displaystyle\sum_{i=1}^{n}D_i\right)^2-n\sum_{i=1}^{n}D_i^2}\\[3em]R=\dfrac{\displaystyle\sum_{i=1}^{n}d_i\sum_{i=1}^{n}D_i-n\sum_{i=1}^{n}D_id_i}{\left(\displaystyle\sum_{i=1}^{n}D_i\right)^2-n\sum_{i=1}^{n}D_i^2}\end{array}\right\} \tag{4.21}$$

可利用 Q 矩阵（Q 为未知数的协因数阵）来计算，这时：

$$\left.\begin{array}{l}C=-\displaystyle\sum_{i=1}^{n}d_iQ_{CC}-\sum_{i=1}^{n}D_id_iQ_{CR}\\[1.5em]R=-\displaystyle\sum_{i=1}^{n}d_iQ_{RC}+\sum_{i=1}^{n}D_id_iQ_{RR}\end{array}\right\} \tag{4.22}$$

对于确定的基线场，Q 矩阵是确定值，即有：

$$\left.\begin{array}{l}Q_{CR}=-\dfrac{\displaystyle\sum_{i=1}^{n}D_i}{n\displaystyle\sum_{i=1}^{n}D_i^2-\left(\sum_{i=1}^{n}D_i\right)^2}=-\dfrac{\overline{D}}{\displaystyle\sum_{i=1}^{n}(D_i-\overline{D})^2}\\[3em]Q_{CC}=-\dfrac{1-\displaystyle\sum_{i=1}^{n}D_iQ_{CR}}{n}=\dfrac{\displaystyle\sum_{i=1}^{n}D_id_iQ_{CR}}{n\displaystyle\sum_{i=1}^{n}D_i^2-\left(\sum_{i=1}^{n}D_i\right)^2}=\dfrac{\displaystyle\sum_{i=1}^{n}D_i^2}{n\displaystyle\sum_{i=1}^{n}(D_i-\overline{D})^2}\\[3em]Q_{RR}=-\dfrac{n}{\displaystyle\sum_{i=1}^{n}D_i}Q_{CR}=\dfrac{n}{n\displaystyle\sum_{i=1}^{n}D_i^2-\left(\sum_{i=1}^{n}D_i\right)^2}=\dfrac{1}{\displaystyle\sum_{i=1}^{n}(D_i-\overline{D})^2}\end{array}\right\} \tag{4.23}$$

式中，$\overline{D}=\dfrac{\displaystyle\sum_{i=1}^{n}D_i}{n}$。

（3）评定精度

求得加常数 C 和乘常数 R 之后，就可以按式(4.19)计算各段观测值的残差 v_i。

然后计算观测单位权中误差：

$$\sigma_0=\sqrt{\dfrac{[P_iv_iv_i]}{n-2}}=\sqrt{\dfrac{[P_iv_iv_i]}{19}} \tag{4.24}$$

式中 P_i——各段观测距离值的观测权。近似按等权观测时，取 P_i 均等于 1。由于观测距离
差别较大，按等权观测处理有一定的近似性。严密情况下，应对各段距离观测
值进行定权。距离处理中，常按观测距离成反比计算观测权：

$$P_i=\dfrac{F}{D_i} \tag{4.25}$$

F——任意常数,取 $F=1$ km,表示以 1 km 的距离观测为单位权观测;

D_i——距离观测值。

加常数 C 的检定中误差(标准差)为:

$$\sigma_C = \sqrt{Q_{CC}}\, \sigma_0 \tag{4.26}$$

乘常数 R 的检定中误差(标准差)为:

$$\sigma_R = \sqrt{Q_{RR}}\, \sigma_0 \tag{4.27}$$

4.7.2.4　结果显著性的检验

仪器常数检定结果的检验采用 t 检验法,根据上述平差计算,求出加、乘常数及其中误差后,选择显著水平 $\alpha=0.05$,则可得原假设:

$$\left.\begin{array}{l} |C-0| \leqslant \sigma_C t_{19,0.975} = 2.09\sigma_C \\ |R-0| \leqslant \sigma_R t_{19,0.975} = 2.09\sigma_R \end{array}\right\} \tag{4.28}$$

查 t 分布表得 $t_{19,0.975}=2.09$。若求得的 C 和 R 均不满足于上式,表明该仪器距离测量中加、乘常数显著,所选的数学模型有效。在使用该仪器进行测距时应进行加常数、乘常数的改正。若两参数都不显著,测距结果可不进行加常数、乘常数的改正。当两参数有一个不显著时,建议改变数学模型,重新计算。详细情况请参见《光电测距仪检定规程》(JJG 703—2003)相关内容,此处不详述。

4.8　测距准确度的检定

全站仪出厂的标称精度表达式为:

$$\sigma_D = a + bD \tag{4.29}$$

式中　σ_D——测距中误差;

a——固定误差,mm;

b——比例误差系数,mm/km;

D——测量距离,km。

按误差传播定律得到的表达式为:

$$\sigma_D = \sqrt{a^2 + (bD)^2} \tag{4.30}$$

分析两个表达式可得:

$$a + bD > \sqrt{a^2 + (bD)^2} \tag{4.31}$$

由上式可看出,用 $a+bD$ 来判定仪器测距准确度更安全。

全站仪测距准确度的检定,就是要测定全站仪测距的中误差。

(1)检定场地的布置及观测要求

进行测距准确度的检定,检定场地仍然采用加、乘数检定时的基线场。计算方法采用线性回归法。检定时选用的组合基线段应不少于 15 段,且其长度应大致均匀地分布在全站仪的测程内。对每段基线的观测采用一次照准、10 次读数,取平均值为观测值 D_i。

测距的同时要测定基线场的气温、气压等数据。

(2)测距准确度的计算

各段距离观测值需要进行气象改正、倾斜改正及仪器加、乘常数改正。用经过改正后的距离观测值与相应的基线值比较,按线性回归分析法计算,得:

$$a = \frac{\sum_{i=1}^{n} D_i \sum_{i=1}^{n} (D_i d_i) - \sum_{i=1}^{n} D_i^2 \sum_{i=1}^{n} d_i^2}{\left(\sum_{i=1}^{n} D_i^2\right)^2 - n \sum_{i=1}^{n} D_i^2} \tag{4.32}$$

$$b = \frac{\sum_{i=1}^{n} D_i \sum_{i=1}^{n} d_i - n \sum_{i=1}^{n} (D_i d_i)}{\left(\sum_{i=1}^{n} D_i^2\right)^2 - n \sum_{i=1}^{n} D_i^2} \tag{4.33}$$

式中　　d_i——$d_i = D_i^0 - D_i$，D_i^0 为基线值，D_i 为经过气象、倾斜及仪器加、乘常数改正后的距离观测值；

　　　　a——仪器测距准确度表达式中的固定误差，mm；

　　　　b——仪器测距准确度表达式中的比例误差系数，mm/km；

　　　　n——独立观测组合基线的段数。

检定计算出的 a、b 值应该不大于仪器出厂标称的 a、b 值，即计算出的 a 应小于或者等于标称精度中的固定误差，b 应小于或等于标称精度中的比例误差系数。

4.9　测角准确度的检定

每台全站仪都有自己的标称测角精度，不同级别的全站仪测角精度有明显差别。全站仪标称测角精度有 5″、3″、2″、1″、0.5″几种。标称测角精度是指在良好的观测环境下，观测一测回水平方向的内部符合精度。一台全站仪测角的精度是不是真的具有标称的测角精度呢？测角准确度的检定可以检定全站仪的实际测角精度。

全站仪测角准确度检定的主要内容是一测回水平方向中误差（标准差）和一测回垂直角中误差的测定。各等级全站仪的测角准确度计量性能要求见表 4.9。

表 4.9　测角准确度的计量性能要求

序号	项目	仪器等级							
		I (″)		II (″)		III (″)			IV (″)
		0.5	1.0	1.5	2.0	3.0	5.0	6.0	10.0
1	一测回水平方向测角标准偏差(″)	0.5	0.7	1.1	1.4	2.1		3.5	4.2	7.0
2	一测回垂直角测角标准偏差(″)	0.5	1.0	1.5	2.0	3.0		5.0	6.0	10.0

注：标准偏差是一种统计术语，含义与测量中的中误差概念基本相同。

4.9.1　一测回水平方向中误差的检定

一测回水平方向中误差是指测角仪器正、倒镜观测同一目标所求得的方向值的准确度，其检定方法有多目标法和比较法。下面介绍《全站型电子测速仪检定规程》(JJG 100—2003)中的多目标法的原理、步骤和方法。

4.9.1.1　场地布置

全站仪测角精度检定工作场地必须在室内常温下进行，并且保证检验场地的干燥、清洁及不受强电场、磁场干扰和震动。仪器应置于稳定的三脚架或观测墩上，观测目标清晰，光轴应按设置要求正确调整,使其与被检仪器的视准轴尽量重合。

多目标法的检验场地按图4.10布置。室内中心安置仪器。在仪器周围安置6个观测目标,保证各观测目标在同一水平面上。目标之间的夹角应随机调整。进行观测时,可在这6个观测目标当中任选4个或4个以上目标进行观测。

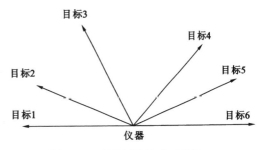

图 4.10　多目标法检定示意图

4.9.1.2　观测要求

不同等级的仪器,进行水平角中误差检定的测回数要求不同,其测回数及方向观测限差如表4.10所示。

表 4.10　多目标法观测的测回数及方向观测限差要求

仪器型号		I	II	III、IV
测回数		8	6	4
方向观测限差	半测回归零差(″)	2.0	3.0	8.0
	一测回 2C 互差(″)	4.0	6.0	16.0
	测回互差(″)	2.0	3.0	8.0

如果半测回归零差超限,应重测该测回;一测回2C互差和各测回方向值互差超限时,应重测超限方向(带上零方向)或重测一测回;一测回重测方向数超过该测回全部方向数的1/3时,应重测该测回;如果检定过程中重测方向数超过全部方向数的1/3,应重测全部测回。

4.9.1.3　检定步骤

一测回水平方向中误差检定的操作步骤如下(以6方向6测回为例):

(1)仪器安置在稳定的三脚架上,精确整平,将水平度盘置零度,为起始位置,照准部顺时针方向旋转一周,在仪器的指挥下,在仪器的水平圆周方向上的墙面安置观测目标。观测目标安置完成后即可开始检定。

(2)仪器正镜照准目标1,读数 L_1;顺时针旋转照准部,依次照准目标2、3、4、5、6,分别读数 L_i;最后照准起始目标1,归零读数,取起始零位与归零读数的平均值为起始方向值。

(3)望远镜旋转180°,倒镜逆时针分别照准目标1、6、5、4、3、2、1,分别读数 R_i。至此为一个测回。

(4)起始位置分别置角为30°11′、60°22′、90°33′、120°44′、150°55′,重复第1测回的观测,依次测出第2至第6测回的观测成果。

4.9.1.4　测角中误差计算

一测回水平方向中误差的计算公式如下:

$$\sigma = \sqrt{\frac{\sum_{j=1}^{n-1}\sum_{i=1}^{m} v_{ij}^2 - \frac{1}{n}\sum_{i=1}^{m}\left(\sum_{j=1}^{n-1} v_{ij}\right)^2}{(m-1)(n-1)}} \tag{4.34}$$

式中　m——测回数;

n——目标个数;

v_{ij}——第j个目标第i个测回的方向观测值与第j个目标平均值之差。

4.9.1.5　算例

本算例参加检定的全站仪的标称测角精度为$2''$,总共6个测回4个方向,见表4.11。最后计算得到的一测回水平方向标准差$\sigma=0.66''$,根据表4.9中$\mathbb{II}$($''$)仪器一测回水平方向标准偏差限差为$1.4''$,此仪器的测角准确度符合要求。

表 4.11　一测回水平方向中误差计算表(多目标法)

仪器编号:　　　　　　　　　　　　　　　　　　　　　　日期:　　　　时间:

测回号	起始位置	照准目标 2			照准目标 3			照准目标 4			$[v]$	$[v]^2$
		角度值	v	v^2	角度值	v	v^2	角度值	v	v^2		
	(°)(′)	(°)(′)(″)	(″)	(″)	(°)(′)(″)	(″)	(″)	(°)(′)(″)	(″)	(″)	(″)	(″)
1	0°00′	43°53′29.2	−0.2	0.04	95°31′43.3	−0.5	0.25	243°21′44.3	−0.4	0.16	−1.1	1.21
2	30°11′	27.8	−1.6	2.56	42.5	−1.3	1.69	43.0	−1.7	2.89	−4.6	21.16
3	60°22′	30.3	0.9	0.81	43.9	0.1	0.01	45.9	1.2	1.44	2.2	4.84
4	90°33′	30.8	1.4	1.96	44.7	0.9	0.81	45.4	0.7	0.49	3.0	9.00
5	120°44′	30.4	1.0	1.00	45.1	1.3	1.69	45.9	1.2	1.44	3.5	12.25
6	150°55′	28.8	−0.6	0.36	43.5	−0.3	0.09	43.1	−1.6	2.56	−2.5	6.25
		平均　29.55		6.73	平均　43.8		4.54	平均　44.6		8.98		54.71

$m=6$　$n=4$

$$\text{一测回水平方向标准差}\ \sigma=\sqrt{\dfrac{\sum\limits_{j=1}^{n-1}\sum\limits_{i=1}^{m}v_{ij}^2-\dfrac{1}{n}\sum\limits_{i=1}^{m}\left(\sum\limits_{j=1}^{n-1}v_{ij}\right)^2}{(m-1)(n-1)}}=\sqrt{\dfrac{6.73+4.54+8.98-\dfrac{54.71}{4}}{5\times3}}$$

$$=\sqrt{\dfrac{6.57}{15}}=0.66''$$

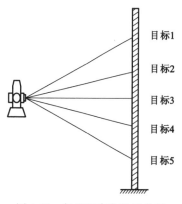

图 4.11　标准垂直角法示意图

4.9.2　一测回垂直角中误差的检定

垂直角测角精度的检定与水平方向测角精度检定相当。这里介绍《全站型电子测速仪检定规程》(JJG 100—2003)中的标准垂直角法。

4.9.2.1　场地布置

如图 4.11 所示,仪器安置在稳定的三脚架上,在仪器水平位置设置一观测目标,其上、下各设置2个观测目标,如图 4.11 中的 1、2、3、4、5 位置。各目标的垂直角为已知(绝对值在20°~30°),但应当为非整数度。

4.9.2.2 检定步骤

(1) 将仪器安置在三脚架上,精确整平。

(2) 将仪器置于正镜状态,即盘左自上而下依次观测 1、2、3、4、5 这 5 个观测目标,并记录观测数据。每个目标读数两次,取平均值。

(3) 将仪器置于倒镜状态,即盘右自下而上依次观测这 5 个目标,观测、记录方法同上。

(4) 取各方向盘左、盘右读数的平均值,再减去水平方向值,得到垂直角观测值。此为一个测回。

(5) 用同样的方法共观测 4 个测回。观测值要满足限差要求,超限的应重测。

4.9.2.3 垂直角中误差计算

一测回垂直角中误差的计算公式为:

$$\sigma = \sqrt{\frac{\sum\limits_{i=1}^{m}\sum\limits_{j=1}^{n} v_{ij}^2}{m(n-1)}} \tag{4.35}$$

式中 m——测回数;

n——垂直角个数,即目标数;

v——目标观测值与平均值之差。

计算出的一测回垂直角中误差要符合表 4.9 的要求。

本 章 小 结

本章主要讲述全站仪检验项目的检验原理、方法和要求,有的检验项目还附有检验实例。其中圆水准器和管水准器的检校、垂直度盘指标差的检校属于测量工作中经常自检的项目,应重点掌握。照准部旋转正确性检验、补偿器补偿性能检验和视准轴与测距轴重合性检验是全站仪单方面性能检验,一般不经常进行。当使用中感觉到某方面可能存在问题时,可以有针对性地进行自行检查。视准轴误差、水平轴误差、加常数、乘常数的检定属于全站仪误差参数的检定。全站仪的测距精度和测角精度的检定属于综合检定,能客观地反映仪器的实际测量精度,是使用者认定仪器的主要标志。全站仪各项目的自检主要是为了了解和调整仪器性能,规范上不被认可。至于送检,应严格执行规范要求的项目和频次。

除了本章介绍的这些检验项目以外,全站仪还有一些其他检验项目,如水准器的正确性,光学对中的正确性,望远镜十字丝的正确性,望远镜调焦的正确性,外观和键盘功能的检验,工作电压显示的正确性,数据采集系统的正确性,等等。因为篇幅所限,本章未予涉及,需要时请参考有关书籍。

全站仪的检验周期不能超过一年,在使用过程中必须定期进行检验,以保证观测成果的精度。在使用过程中如果出现问题或者故障不要随意拆卸、修理,应将仪器送往具有仪器鉴定资质的部门进行鉴定和维修。全站仪属精密仪器,使用过程中规范操作可以延长其使用寿命。

习　　题

4.1　简述管水准器气泡的校正原理及步骤。

4.2　要保证全站仪测角的准确,其视准轴、水平轴、竖轴这三轴必须满足什么样的几何要求?

4.3　《全站型电子测速仪检定规程》(JJG 100—2003)中关于全站仪补偿性能的限差是怎样规定的?

4.4　为什么要在全站仪的测距成果中加入加、乘常数改正?

4.5　一测回水平方向中误差为电子测角系统主要的检定项目,请简述多目标法测定一测回水平方向中误差的步骤。

4.6　简述六段基线比较法检验场地的布置要求。

5 全站仪的应用

【学习目标】

1. 掌握全站仪平高导线测量的作业方法和要求；
2. 熟悉全站仪数据采集的作业方法和要求；
3. 熟悉全站仪断面测量的作业方法和要求；
4. 了解全站仪检测隧道断面的作业方法和要求；
5. 通过案例，了解全站仪在变形监测中的应用；
6. 了解应用全站仪进行道路曲线测设的方法；
7. 了解全站仪跨河高程传递的作业方法和规范要求。

【技能目标】

1. 能使用全站仪进行平高导线测量；
2. 能使用全站仪进行断面测量；
3. 能使用全站仪进行数据采集。

5.1 平高导线测量

在进行数字地形图测绘前，需对测区按照"由整体到局部、由高级到低级、分级布设、逐级控制"的原则布设控制测量。控制测量分首级控制和图根控制。首级控制目前普遍采用 GPS 测量，图根控制可采用图根导线和 GPS-RTK 测量等方法。

图根导线测量，目前广泛使用全站仪进行施测。使用全站仪施测平高（平面和高程）导线，除采用传统方法（即外业测量水平角、垂直角及边长，内业进行平差计算）外，还可直接应用全站仪自带的导线测量程序，导线测量、平差一并进行。

目前，全站仪的程序测量中一般都有导线测量功能。不同品牌的全站仪导线测量主要功能差别不大，但在具体操作上有所不同。下面以南方 NTS662R 全站仪为例，介绍应用导线测量程序进行平高导线测量的方法。

5.1.1 南方 NTS662R 全站仪简介

南方 NTS662R 全站仪如图 5.1 所示。

南方 NTS662R 全站仪采用图像式大屏幕显示技术，图形、数字显示清晰，信息量大。用图标显示主菜单，条理清晰。各主要功能采用下拉式菜单，界面友好，功能强大，操作方便。仪器的四级菜单全部中文化，如图 5.2 所示。

南方 NTS662R 全站仪最大测量距离（良好天气）单棱镜 5.0 km，无棱镜 300 m；测角精度 $2''$；测距精度分别为 $2\ \mathrm{mm} + 2 \times 10^{-6} D$（有棱镜）和 $5\ \mathrm{mm} + 3 \times 10^{-6} D$（免棱镜）。仪器具有 SD

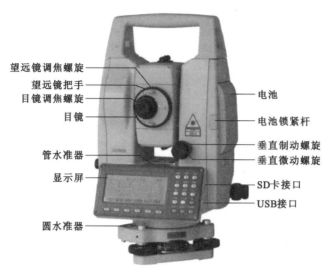

图 5.1　南方 NTS662R 全站仪及其各部件名称

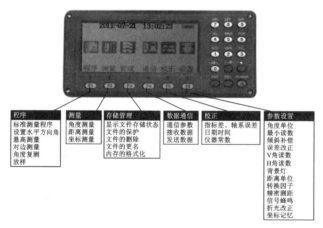

图 5.2　南方 NTS662R 全站仪操作界面

卡功能,在作业当中各种数据都可以方便地保存到 SD 卡中,通过笔记本电脑插槽或读卡器就可以轻松在电脑上读取 SD 卡内的数据。在进行 SD 卡内的文件操作过程当中不能拔取 SD 卡,否则会导致数据丢失或者损坏。

5.1.2　测量前的准备工作

5.1.2.1　平高导线的选点、埋标

平高导线应布设成附合导线或闭合导线。导线的选点、埋标参见有关文献的内容。

5.1.2.2　仪器的检校

由于全站仪的导线测量是采用测量并保存坐标的方式进行,导线平差采用闭合差配赋的方法。因此导线在测量过程中,水平角、天顶距只测量半测回,仪器的视准轴误差、水平轴误差和垂直角指标差,在测角过程中不能得到有效的消除或减弱。在导线测量前,需对仪器的视准轴误差、水平轴误差和垂直角指标差进行严格检验与校正,具体检校方法见本书第 3 章。

5.1.2.3　仪器初始设置

全站仪在进行导线测量前还应检查和设置仪器的参数,设置内容有:

(1)仪器常数的设置

在主菜单下按"F5"键(校正菜单)进行设置,如图
5.3 所示。

(2)设置测距类型

南方 NTS662R 全站仪可选择激光测距和红外测
距,合作目标可选用棱镜、无棱镜及反射片,用户可根
据作业需要自行设置。

图 5.3　南方 NTS662R 全站仪常数的设置

(3)设置仪器棱镜常数

当使用棱镜作为合作目标时,需在测量前设置好棱镜常数。一旦设置了棱镜常数,关机后
该常数将被保存。棱镜常数的设置是在星键(★)模式下进行的。

(4)设置大气改正参数(温度和大气压)

距离测量时,距离值会受测量时大气条件的影响。为了顾及大气条件的影响,距离测量时
须使用气象改正参数修正测量成果。在星键(★)模式下可以设置大气改正值。

5.1.3　平高导线的测量与平差

南方 NTS662R 全站仪测量平高导线是采用测量坐标的方式进行,在导线测量模式下,前
视点坐标测定后被存入内存,用户迁站到下一个点后,该程序会将前一个测站点作为后视定向
用;迁站安置好仪器并照准前一个测站点后,仪器会显示后视定向边的方位角。若未输入测站
点坐标,则取其为零(0,0,0)或上次预置的测站点坐标。导线平差采用闭合差配赋的方法。导
线由起始点、中间点和终止点确定,起始点和终止点的坐标必须已知。若起始点后视点的坐标
已知,则软件会由已知点数据计算方位角。用"前视测量"记录导线点的观测值,观测的终止点
号应与已知点号不同。要进行角度平差时,必须在终止点设站并观测一已知点以检查角度闭
合差,用于观测的点号也必须与已知点号不同。

仪器安装好后,量取仪器高及前、后视点的棱镜高。在程序菜单下选择"导线平差"进入平
高导线测量与平差计算模式。

以下以图 5.4 所示的导线为例,说明应用"导线平差"进行导线测量的具体操作步骤。

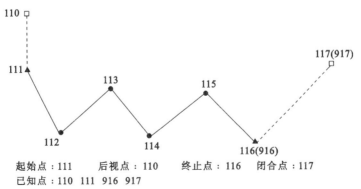

图 5.4　平高导线图

5.1.3.1　测量

测量的操作如下:

操作步骤	按键	显　　示
① 选一已知点,将仪器架设在该点上(这里以 111 号点为起始点),此点为测站点,进行测站设置,设置后视点为 110,照准前方导线点(如图5.4 所示,照准 112 号点),用"前视点测量"记录下所测量的坐标。	选择"前视点测量"	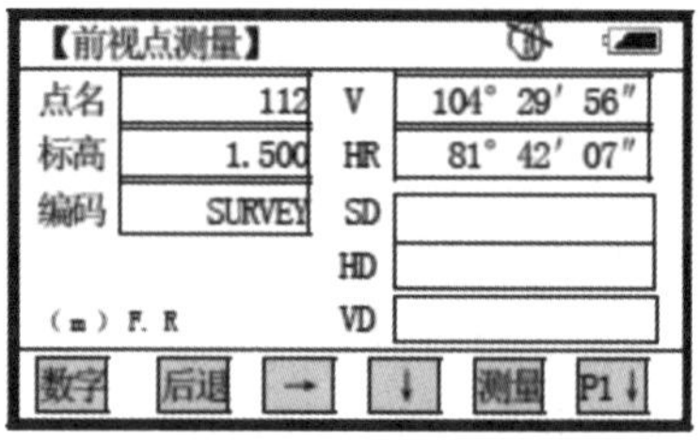 【前视点测量】 点名　112　V　104° 29′ 56″ 标高　1.500　HR　81° 42′ 07″ 编码　SURVEY　SD HD (m) F. R　VD 数字　后退　→　↓　测量　P1↓
② 将仪器搬至 112 号点上。开机,选择"记录",重新设置测站点(112 号点)、后视点(111 号点),照准前方导线点(113 号点),用"前视点测量"记录下所测量的坐标。		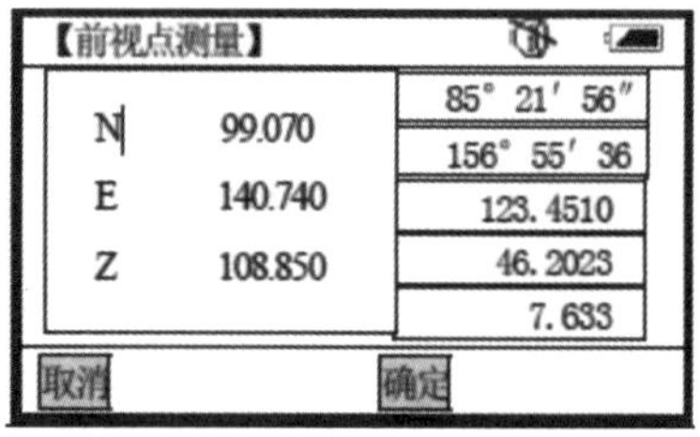 【前视点测量】 N　99.070　85° 21′ 56″ 156° 55′ 36 E　140.740　123.4510 Z　108.850　46.2023 7.633 取消　　　确定
③ 按照第②步同样的操作进行测量并记录坐标。(导线点的个数根据导线的长度和所要求的精度确定。)		
④ 当仪器搬到 115 号点上时,测量 916 号点坐标,并将数据记录为116 号点(如右图所示)。		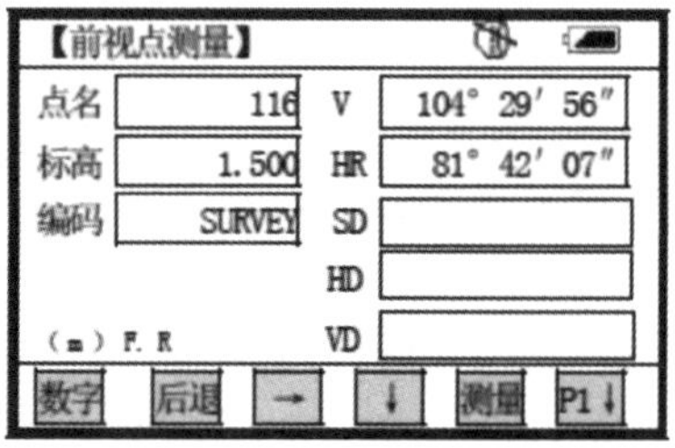 【前视点测量】 点名　116　V　104° 29′ 56″ 标高　1.500　HR　81° 42′ 07″ 编码　SURVEY　SD HD (m) F. R　VD 数字　后退　→　↓　测量　P1↓
⑤ 为了计算闭合差,还应在 116号(也就是 916 号点)点上设站,照准另一已知点(如 917 号点),测量,并记下坐标记录 117 号点。此时,117号点则为闭合点。		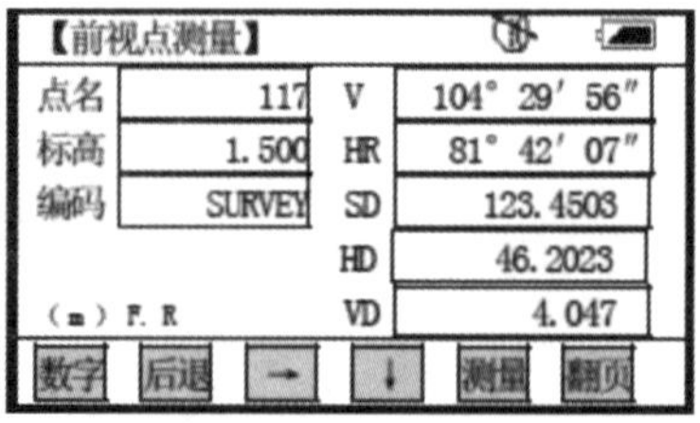 【前视点测量】 点名　117　V　104° 29′ 56″ 标高　1.500　HR　81° 42′ 07″ 编码　SURVEY　SD　123.4503 HD　46.2023 (m) F. R　VD　4.047 数字　后退　→　↓　测量　翻页

5.1.3.2　平差

平差的操作如下:

操作步骤	按键	显　　示
① 在程序菜单中,通过箭头键选择"导线平差",并按"ENT"键便进入导线平差屏幕。	选择"导线平差",按"ENT"键	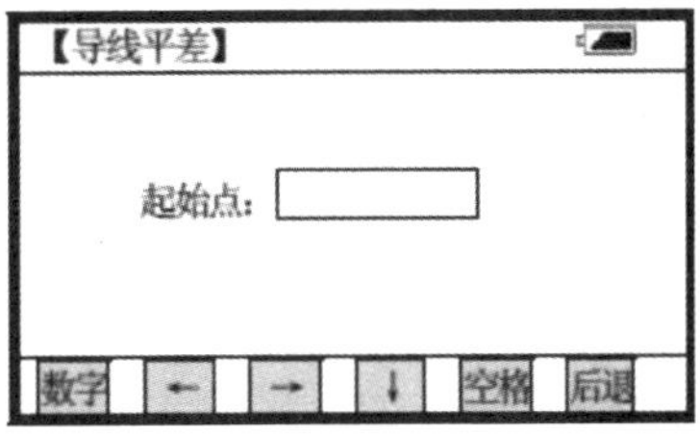 【导线平差】 起始点:
② 输入起始点号,并按"ENT"键。	输入起始点号,按"ENT"键	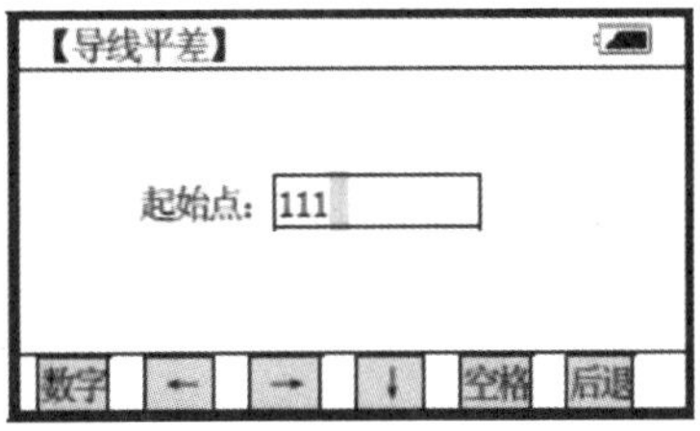 【导线平差】 起始点: 111
③ 当输入的导线起始点号与内存中该导线的起始点号相同时,屏幕便显示输入终止点屏幕。输入导线的终止点号(实际测量的点号)和已知点号,这两个点号必须不一致。		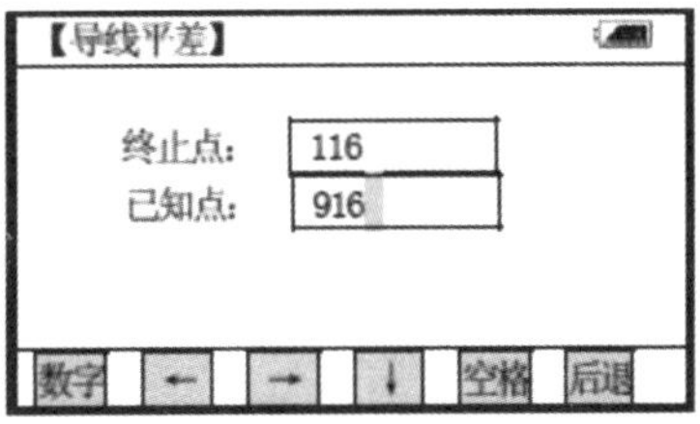 【导线平差】 终止点: 116 已知点: 916
④ 输入完终止点和已知点后按"ENT"键,便进行闭合差计算,并显示如右图所示屏幕,按"F4"(确定)接受该数据。	按"ENT"、"F4"	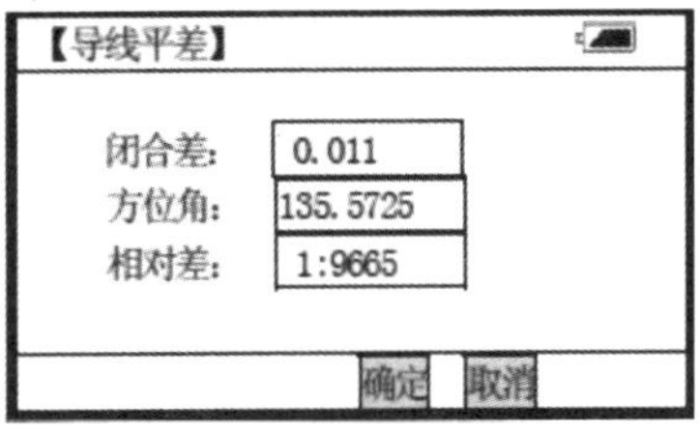 【导线平差】 闭合差: 0.011 方位角: 135.5725 相对差: 1:9665 确定 取消
⑤ 此时,屏幕提示"进行坐标平差吗?"按"F4"(确定)或"ENT"进行坐标平差,按"F5"(取消)或"ESC"则不对数据作任何改变。	按"F4"或"F5"	 【导线平差】 进行坐标平差吗? 确定 取消
⑥ 屏幕再提示是否进行高程平差。此时,按"F4"(确定)或"ENT"进行高程平差,按"F5"(取消)或"ESC"则返回主菜单屏幕。	按"F4"或"F5"	 【导线平差】 进行高程平差吗? 确定 取消

若测量了闭合点,其操作如下(①、②步操作同上):

操作步骤	按键	显　　示
③ 输入完起始点号,屏幕显示输入终止点号(实际测量的点号)和已知点号,这两个点号必须不一致。按"ENT"键。	按"ENT"	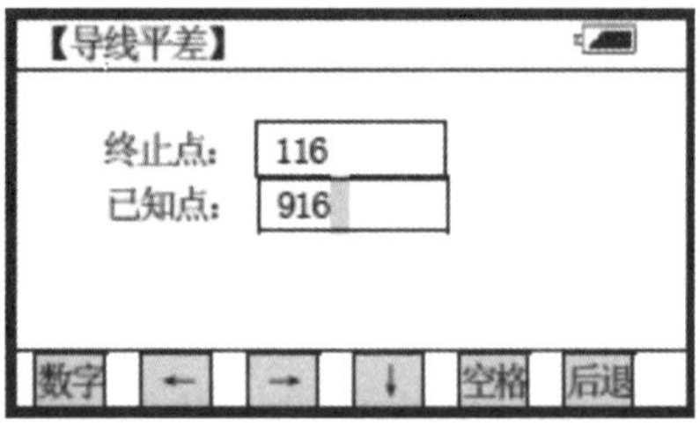 【导线平差】 终止点:　116 已知点:　916 数字　←　→　↓　空格　后退
④ 输入闭合点号(实际测量的点号)和已知点号,这两个点号也必须不一致。按"ENT"键。	输入闭合点号,按"ENT"键	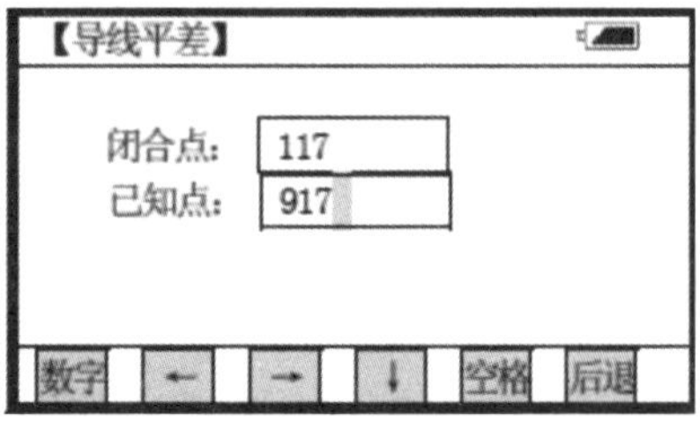 【导线平差】 闭合点:　117 已知点:　917 数字　←　→　↓　空格　后退
⑤ 进行闭合差计算,并显示如右图所示屏幕,按"F4"(确定)接受该数据。按"ENT"键。	按"F4"	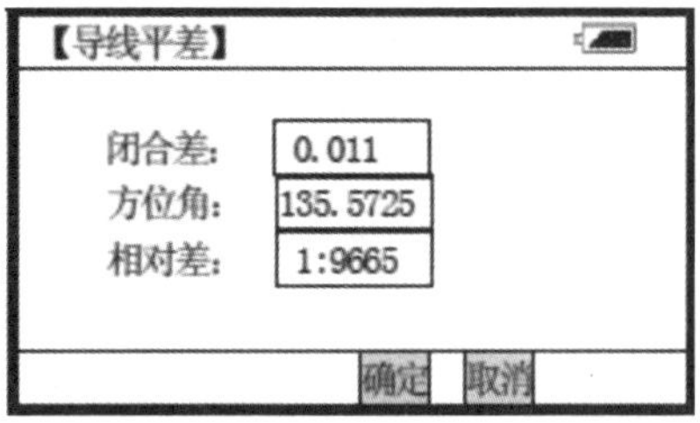 【导线平差】 闭合差:　0.011 方位角:　135.5725 相对差:　1:9665 确定　取消
⑥ 显示平差结果。如果角度在闭合差允许范围内,按"F4"(确定)接受该数据。	按"F4"	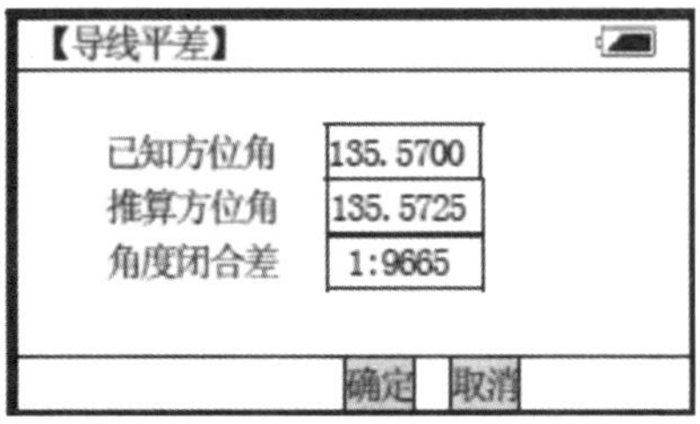 【导线平差】 已知方位角　135.5700 推算方位角　135.5725 角度闭合差　1:9665 确定　取消
⑦ 此时,屏幕提示是否进行角度平差。按"F4"(确定)或"ENT"进行角度平差,按"F5"(取消)或"ESC"则不对数据作任何改变。	按"F4"或"F5"	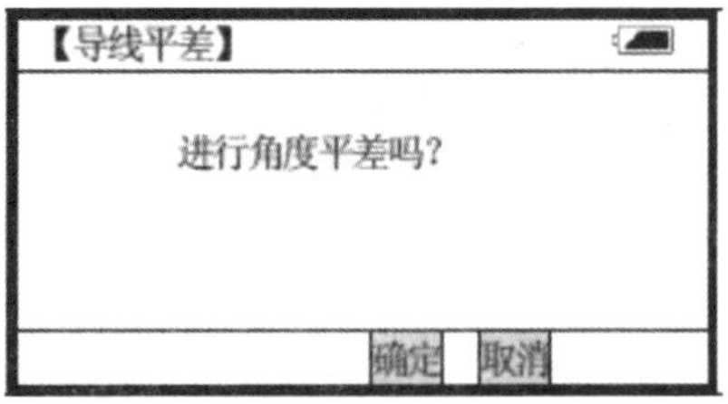 【导线平差】 进行角度平差吗? 确定　取消
⑧ 显示平差后的结果,如右图所示。		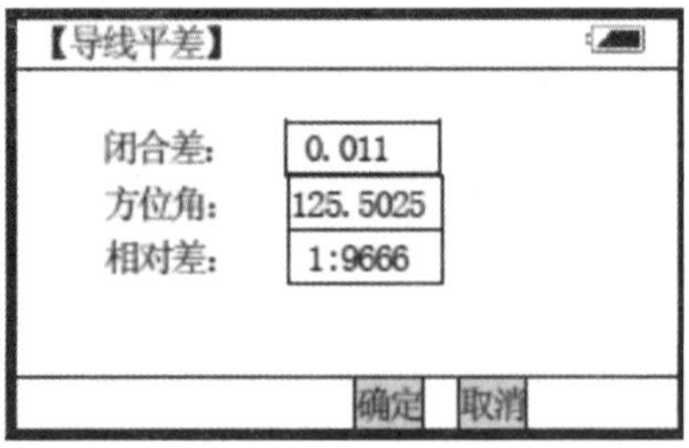 【导线平差】 闭合差:　0.011 方位角:　125.5025 相对差:　1:9666 确定　取消

操作步骤	按键	显　　示
⑨ 此时,屏幕提示是否进行坐标平差。按"F4"(确定)或"ENT"进行坐标平差,按"F5"(取消)或"ESC"则不对数据作任何改变。	按"F4"或"F5"	【导线平差】 进行坐标平差吗? 确定 取消
⑩ 屏幕再提示是否进行高程平差。此时,按"F4"(确定)或"ENT"进行高程平差,按"F5"(取消)或"ESC"则返回主菜单屏幕。	按"F4"或"F5"	【导线平差】 进行高程平差吗? 确定 取消

上述操作完成后,平高导线测量与平差计算完毕,平差后的导线点的坐标存储于仪器内存中。

利用全站仪的程序功能测量平高导线,操作简便,不需要另行记录、计算,测量完成后即可以得到平差后的导线点平面坐标(X、Y)和高程(H),精度可以满足测图需要。

值得注意的是:平高导线测量过程中,水平角和垂直角都只测量了半测回,导线的边长只测量了一次,高差也只测量一个往测。整条导线测量过程中没有检核,不能及时发现错误,只有等到整条导线测量完毕,才可显示结果是否合格。因此,用全站仪的程序功能测量导线前应认真、严格地检校仪器,测量过程中应仔细地测量并输入仪器高、棱镜高,严格对中、整平仪器,注意照准位置的准确性。

5.2　断面测量

线路工程测量,通常分两阶段进行,即线路初测和线路定测。定测阶段的主要工作是中线测量和线路的纵、横断面测量。目前,各种品牌的全站仪基本都有"横断面测量"的功能模块,操作上虽有所不同,但实现的方法基本一致:都是测量横断面上的点,并将数据按照桩号、偏差、高程的格式输出。本节仍以南方 NTS662R 全站仪为例,介绍全站仪测量线路横断面和放样横断面的方法。

5.2.1　横断面测量

南方 NTS662R 全站仪的横断面测量,用于测量横断面上的点,并将数据按照桩号、偏差、高程的格式输出。任何一条横断面都必须有一个中线桩(点),用于计算桩号和偏差。

如图 5.5 所示,CL 为横断面中线点,桩号通常以距线路起点桩的里程数表示。A、B、D、E 为其他断面点。

南方 NTS662R 全站仪测量横断面的操作步骤如下:

在适当的位置安装仪器,设置好测站点和后视点。在"记录"菜单中通过箭头键选择"横断面测量",进入横断面测量界面。后续操作如下:

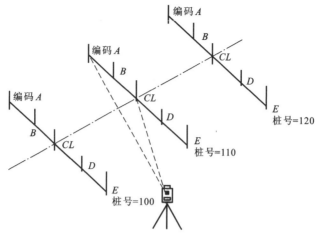

图 5.5　横断面示意图

操作步骤	按键	显示
① 选择"记录"中的"横断面测量"，屏幕如右图所示，输入断面中线点的编码，按"ENT"键将光标移到下一输入项，输入中线点的串号。按"ENT"退出并保存该输入。若按"ESC"则不保存设置。	输入中线点的编码，按"ENT"键；输入串号，按"ENT"键	【横断面测量】 CL 编码： X 串　号： 002 数字　←　→　↓　空格　后退
② 屏幕显示如右图所示，开始横断面测量。先测量中线点，输入中线点的点名、棱镜高、编码和串号（编码和串号必须和上一屏幕输入一致，程序会自动识别这是进行中线点测量）。按"ENT"键测量中线点。	输入数据，按"ENT"键	【侧视点测量】 点名　4　V　108° 28′ 39″ 标高　1.560　HR　81° 42′ 07″ 编码　X　SD 串号　002　HD （M）F.S　VD 数字　后退　→　↓　测量　P1▶
③ 显示中线点测量结果。按"F4"（确定）保存该结果。进入下一点测量界面。	按"F4"	【侧视点测量】 　　　　104° 29′ 56″ N　16.270　81° 42′ 07″ E　9.990　6.280 Z　100.060　5.909 　　　　3.272 取消　　　确定
④ 输入横断面上待观测的第 2 点的点名、棱镜高、编码和串号，按"ENT"键进行测量。	输入数据，按"ENT"键	【侧视点测量】 点名　4　V　108° 28′ 39″ 标高　1.560　HR　81° 42′ 07″ 编码　X1　SD　<< 串号　002　HD （M）F.S　VD 数字　后退　→　↓　测量　P1▶

操作步骤	按键	显　　示
⑤ 显示测量结果,按"F4"(确定)即记录测量结果;若要重新测量则按"ESC"。	按"F4"	【侧视点测量】 N　15.070　104° 29′ 56″ E　15.760　81° 42′ 07″ Z　100.850　7.710 　6.809 　4.523 取消　　　确定
⑥ 按照同样的方法测量并记录横断面上的其他点。测量完后,按"ESC"键结束横断面测量,显示桩号输入界面。输入中线点的桩号(第2条横断面的桩号仪器自行计算),按"ENT"键保存。	按"ESC"键,输入桩号,按"ENT"键	【横断面测量】 桩号:　　　100 后退　←　→
⑦ 保存第1条横断面后,屏幕又进入测量下一条横断面的界面。		【横断面测量】 CL 编码:　　　X 串　号:　　　002 数字　←　→　↓　空格　后退

注:① 每个横断面的最多点数为60。
　　② 桩号代表一个断面,串号用于观测点或放样点分串。

5.2.2　横断面放样

利用南方 NTS662R 全站仪可以将设计的横断面在实地放样出来。

图 5.6 所示的横断面中,偏差是断面点相当于中线点的水平距离,右正左负。高程是断面点的高程。一个断面对应一个桩号。

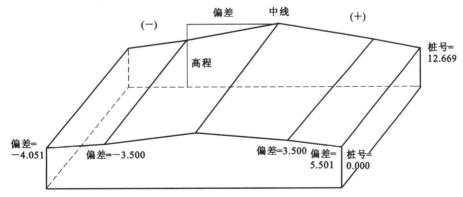

图 5.6　全站仪放样横断面示意图

横断面放样步骤如下:

（1）准备放样数据

横断面放样类似于定线放样，点的输入格式按照桩号、偏差（设计点到中线的平距）和高程装入，但是首先必须存在一条参考直线（即横断面的中线）。

① 在计算机中准备数据，如：

〈桩号〉	〈偏差〉	〈高程〉	
0.000	−4.501	18.527	
0.000	−3.500	18.553	
0.000	0.000	18.658	CL01
0.000	3.500	18.553	
0.000	5.501	18.493	
12.669	−4.501	18.029	
12.669	−3.500	18.059	
12.669	0.000	18.164	CL01
12.669	3.500	18.059	
12.669	5.501	17.999	

以上是两个横断面的放样数据。

② 将横断面的放样数据传输至全站仪中。

（2）横断面放样

从放样菜单中选择"横断面放样"，进入横断面放样屏幕，如图 5.7 所示。

按功能键"增桩"或"减桩"，可向前或向后查寻存储的数据。

按功能键"左偏"或"右偏"，可用来显示横断面上相邻的偏差和高程。

这里的高差值实际上为高程值。

按"ENT"键，进行所选点的放样。

注：横断面数据不能进行手工输入或手工编辑。

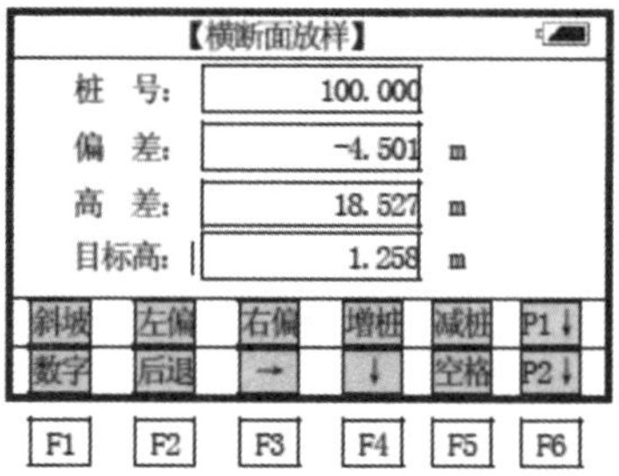

图 5.7　南方 NTS662R 全站仪横断面放样屏幕

5.3　数 字 测 图

数字测图通常分为野外数据采集和内业数据处理、编辑绘图两部分。野外数据采集通常利用全站仪或 GPS-RTK 等测量设备直接测定地形特征点的位置，并记录其连接关系及属性，为内业成图提供必要的信息，它是数字测图的基础工作，直接影响成图质量与效率。

使用全站仪进行野外数据采集是目前应用较普遍的一种方法。

全站仪采集数据的基本步骤是：

① 建立作业、工程、文件；

② 录入或传输已知点的数据；

③ 在已知点上安置全站仪，量取仪器高，设置测站点、后视点；

④ 进行参数设置，如温度、气压、棱镜常数等；

⑤ 进行测站检查；

⑥ 逐个观测地形特征点，输入点号、仪器高、棱镜高、编码，记录储存；

⑦ 收站前定向检查；

⑧ 仪器搬至另一已知点，重复上述③～⑦的步骤。

下面以南方 NTS662R 全站仪为例，重点介绍全站仪在数据采集前的准备和数据采集的操作步骤。

5.3.1　数据采集前的准备工作

5.3.1.1　新建"作业"或打开已存在的"作业"

标准测量程序要求在每次测量时建立一个作业文件名，如不建立文件名，系统会自动建立一个缺省文件名（DEFAULT），所有观测数据均存入该文件中。

在"设置"菜单中通过"↑"或"↓"选择"作业"，并按"ENT"键，屏幕显示见图 5.8。

在子菜单中提供了四个选择：

① 新建　建立一个新的作业文件名。

② 打开　打开一个存在的作业文件名。

③ 删除　删除一个作业文件名。

④ 信息　查看当前作业文件的数据信息。

选择"新建"，进入磁盘列表，按"F6"（确定）或"ENT"键，屏幕显示见图 5.9。

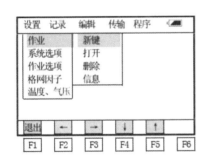

图 5.8　南方 NTS662R 全站仪主菜单

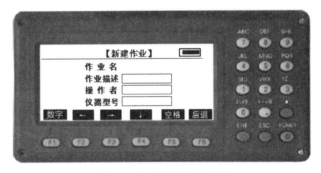

图 5.9　新建作业输入界面

F1：字母与数字切换键，显示"英文"时锁定字母，显示"数字"时锁定数字。

F6：倒退删除键，用它可以删除光标前的一个字符。

作业名：由操作者任意取的作业文件名，此后的测量数据均存于该文件中。作业名可以是字母 A～Z，也可以是数字 0～9 或符号（_＃＄@％＋－），但是第一个字符不能为空格。

作业描述：该工程的大概情况（可以缺省）。

操作者：操作者的姓名（可以缺省）。

仪器型号：使用的仪器的型号（可以缺省）。

当输入新的作业名后，按"ENT"键，光标便跳到下一输入区，当光标在最后一行时，输入仪器型号后，按"ENT"键，便建立好了作业文件名；如按"ESC"键，则该作业文件名不存储而返回到上一屏幕。

新建立的作业默认为当前作业。如果作业名已经存在，程序会提示"作业已经存在！"如果

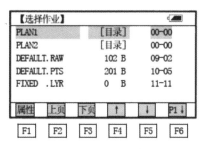

图 5.10 选择一个作业

要打开一个已经存在的"作业",可以选择"打开",进入磁盘列表,按"F6"(确定)或"ENT"键,屏幕显示见图 5.10。

选择作业:显示内存中的所有作业文件名,可以通过箭头键移动光标到需要的文件名处按"ENT"键,便打开该文件作为作业文件,以后的测量数据便存储于该文件中。

5.3.1.2 作业前的设置

(1)系统选项

在"设置"菜单中通过"↓"或"↑"键选择"系统选项",并按"ENT"键,进入系统选项输入界面(图 5.11)。

垂角模式:设置垂直角读数零位方向,通过"←"或"→"箭头键来选择。垂直角以水平方向为零点;天顶距以天顶方向为零点。

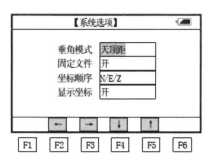

图 5.11 系统选项输入界面

通过按"ENT"键或上下箭头键进入下一设置:

固定文件 设置固定点文件为"开"或"关",通过"←"或"→"箭头键选择。设置为"开"时,则打开固定文件供调用已知数据;设置为"关"时,则不搜索固定文件的已知数据。

坐标顺序 通过"←"或"→"设置显示坐标的顺序:N/E/Z 或 E/N/Z。

显示坐标 设置在进行测量时是否显示 N、E、Z 坐标;为开时显示;为关时不显示。

当光标停在屏幕底端时按"ENT"键,便将选定的设置存于内存中并返回到上一屏幕;如按"ESC"键则不存储选定的设置,返回上一屏幕。

值得注意的是,系统设置将应用于内存中的所有作业,所以一旦改变设置将影响所有作业。

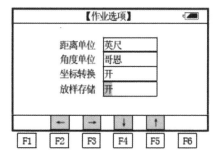

图 5.12 作业选项输入界面

(2)作业选项

在"设置"菜单中通过"↑"或"↓"键进行选择,当选择"作业选项"时,屏幕显示见图 5.12。

距离单位 设置距离单位:米、英尺。通过"←"或"→"键选择。

角度单位 设置角度单位:度、哥恩、密位。通过"←"或"→"键选择。

坐标转换 设置是否计算并存储坐标,通过"←"或"→"键设置为开或关。当为"开"时,在 H/V/SD 或 H/HD/VD 模式下进行测量,则坐标会自动进行计算并存储;为"关"时,表示不存储计算的坐标。

放样存储 设置是否存储放样点坐标,通过"←"或"→"键设置为开或关。设置为"开",存储时会列出每一放样点的设计坐标和实测坐标以及填挖高程。

（3）温度、气压输入

在"设置"菜单中通过"↑"或"↓"键选择"温度、气压"并按"ENT"键，屏幕便进入温度与气压输入界面，见图5.13。

输入温度值并按"ENT"，可将光标移到下一个选择项，输入气压并按"ENT"键便存储设置并退出，按"ESC"键不存储设置而退出屏幕。

若不输入温度、气压，系统会自动提取已设定的温度和气压值，其单位分别为℃和hPa。

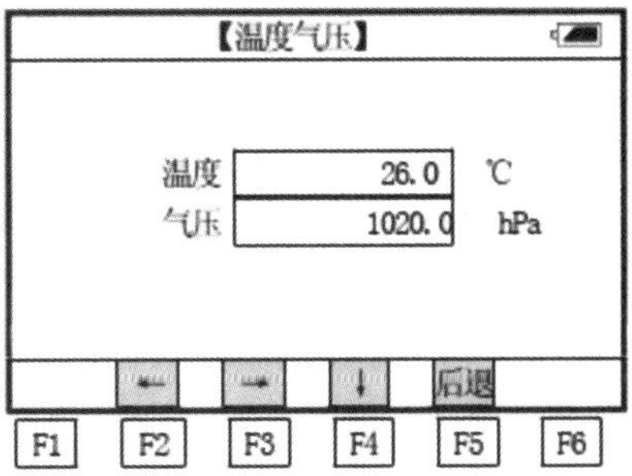

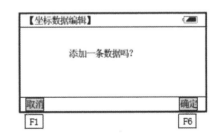

图5.13　温度、气压输入界面

5.3.1.3　已知数据的准备

全站仪在测图前，最好在室内将控制点成果录入或传输入仪器内存中，从而提高工作效率。

（1）控制点数据的录入

选择"编辑"菜单，在该菜单中可以编辑已知数据，可以编辑的已知数据有原始数据、坐标数据、固定点数据、编码库数据、填挖数据。

在"编辑"菜单中选择"固定点数据"（控制点的坐标）便进入坐标数据编辑屏幕。在该屏幕中显示文件最后一个点的数据，若没有点存在，则显示空屏幕并可进行手工输入。坐标数据编辑界面见图5.14。

按"向前"或"向后"键，查阅文件中的点。当显示文件中最后一个点时，按"向后"键或"ENT"键，则显示可加入新的点，屏幕显示见图5.15。

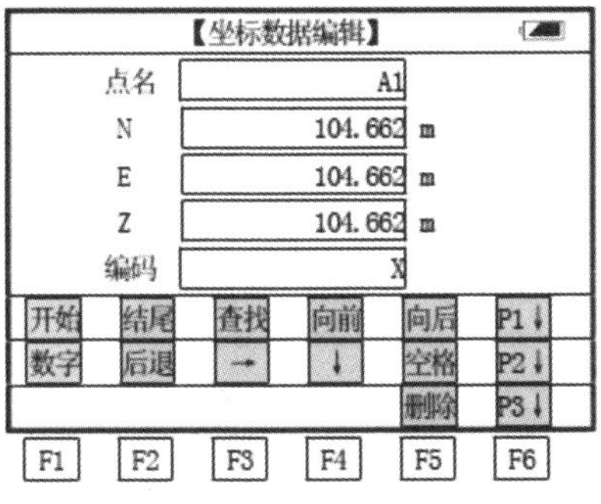

图5.14　坐标数据编辑界面　　　　　　　图5.15　是否输入新点对话框

若要输入新的点，按"F6"（确定）键输入坐标点，输入新的点后按"向后"或"ENT"键则存储数据；递增的点号用于下一点的输入。

按功能键"开始"回到该文件的开始，按"结尾"返回到文件的末尾；按"查找"可寻找文件中指定的点或编码或串；按"ESC"键返回到文件主菜单。

（2）控制点数据的传输

首先在计算机中，将控制点坐标数据按规定的数据格式编辑好放入文件中，将该文件存入SD卡。然后将SD卡插入全站仪中，接着按如下操作进行已知数据传输：

从"传输"菜单中选择"文件导入"，从"文件导入"的子菜单选择"坐标数据"，再按"ENT"

键,便进入文件导入坐标数据屏幕。其操作如下:

操作步骤	按键	显　　示
① 选择"传输"→"文件导入"→"坐标数据",并按"ENT"键。	选择导入坐标数据,按"ENT"键	设置　记录　编辑　传输　程序 坐标数据　　发送数据 固定数据　　接收数据 编码数据　　通讯参数 水平定线　　文件导出 垂直定线　　文件导入 断面数据 退出　←　→　↓　↑
② 输入需导入的坐标数据文件名,或按"F6"(调用)键,调用 SD 卡中后缀名为 TXT 的文件,按"ENT"(确认)键。	输 入 文 件 名,按"ENT"或"F6"键	【文件导入】 文件名:　　　 数字　←　→　空格　后退　调用 【选择作业】 SURVEY.TXT　　0 B　　11-11 DEFAULT.RAW　102 B　09-02 DEFAULT.PTS　201 B　10-05 属性　上页　下页　↑　↓　P1↓
③ 运行计算机数据文件导入指令。导入完毕全部的数据,显示返回传输菜单。		【文件导入】 坐标数据 从: B: ＼SURVEY.TXT 到: A: ＼DEFAULT＼DEFAULT.PTS 　　＊　136 退出 完成!

5.3.2　数据采集

5.3.2.1　安置全站仪

在测站上安置仪器,对中、整平后,量取仪器高,仪器高量至毫米。打开电源开关,转动望远镜,使仪器进入操作界面,见图 5.16。

5.3.2.2　进入数据采集状态

选择"程序",在"标准测量"主菜单中,通过"←"或"→"键选择"记录"菜单,便进入"记录"菜单屏幕,见图 5.17。

"记录"菜单,主要是用于采集和记录原始数据。在"记录"菜单中可以设置测站点和后视方位,进行后视测量、前视测量、侧视测量和横断面测量。

图 5.16 南方 NTS662R 全站仪主操作界面

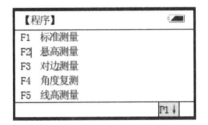

图 5.17 由"程序"到"标准测量"再到"记录"

5.3.2.3 设置测站点

设置测站点的操作如下：

操作步骤	按键	显示
① 在"记录"菜单中选择"设置测站点"，并按"ENT"键，进入测站点输入屏幕。	设置测站点，按"ENT"键	设置 记录 编辑 传输 程序 设置测站点 设置后视点 后视测量 前视测量 侧视测量 横断面测量 退出 ← → ↓ ↑
② 输入该测站点的点名、仪器高、编码并按"ENT"键，便记录下该测站点。 A：若该点坐标存在于文件中，则系统会自动调用该点坐标。 B：若坐标数据文件或固定点数据文件中没有该点坐标，则显示坐标输入屏幕：输入该点的 N（北）、E（东）、Z（高程）坐标，如右图所示。	输入点名、仪器高、编码，按"ENT"键 输入该点的 N、E、Z 坐标和编码，按"ENT"键	A：【测站点】 点 名： 1 仪器高： 1.500 m 编 码： SURVEY 数字 后退 → ↓ 空格 P1↓ B：【测站点】 点名：1 N： 120.333 m E： 10000.124 m Z： 100.011 m 编码： SURVEY 数字 ← → ↓ 空格 后退

操作步骤	按键	显　示
③ 当光标在底部时,按"ENT"键便存储设置并退出,此时测站点便设置好了;若按"ESC"键则不存储设置而退出该屏幕。	按"ENT"	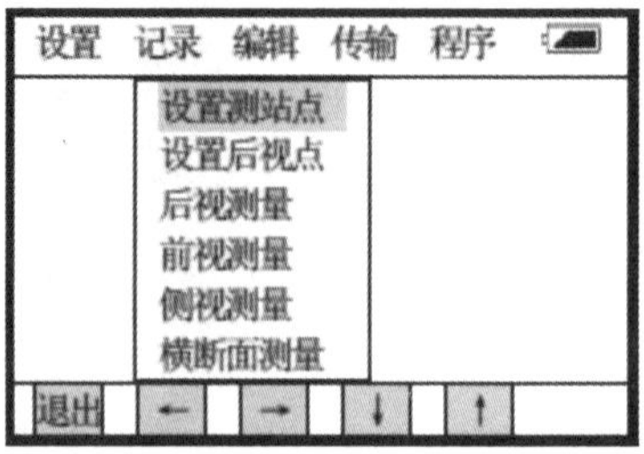 设置 记录 编辑 传输 程序 设置测站点 设置后视点 后视测量 前视测量 侧视测量 横断面测量 退出 ← → ↓ ↑

数据采集时,也可以在未知点上安置全站仪,但先必须应用后方交会测量程序来测定测站点的坐标和高程,然后再进行数据采集。

5.3.2.4　设置后视点

输入完测站信息后,可以继续输入后视点信息。通过"设置后视点"屏幕可以设定后视点和后视方向。

在"记录"菜单屏幕中选择"设置后视点",并按"ENT"键,便进入后视点输入界面。后续操作如下:

操作步骤	按键	显　示
① 输入后视点点名,并按"ENT"键,若存储该点坐标,则显示计算方位角。	输入后视点点名、目标高,按"ENT"键	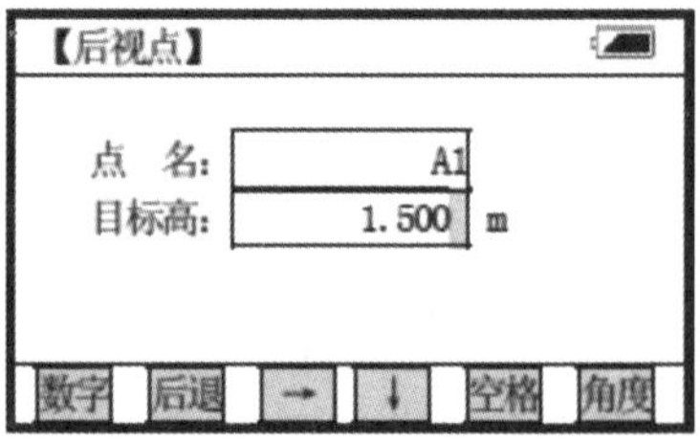 【后视点】 点 名: A1 目标高: 1.500 m 数字 后退 → ↓ 空格 角度
A:若仪器内存中没有该点坐标,则显示后视点坐标输入屏幕,输入坐标。	输入后视点 N、E、Z 坐标及编码	A: 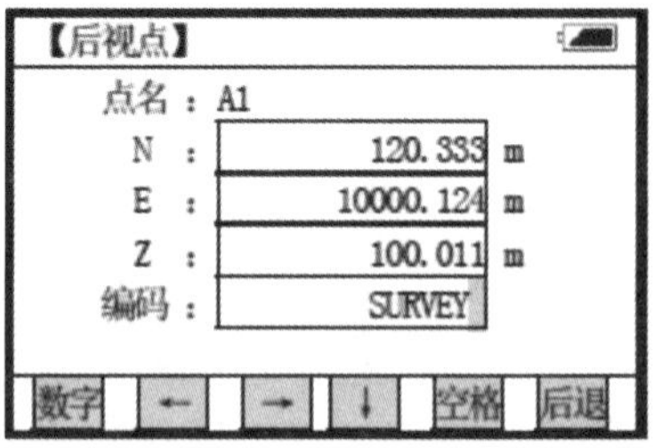 【后视点】 点名 : A1 N : 120.333 m E : 10000.124 m Z : 100.011 m 编码 : SURVEY 数字 ← → ↓ 空格 后退
B:或按"F6"(角度)键,进入手工输入方位角屏幕。直接输入后视方位角,如右图所示。	按"F6"键,输入后视方位角	B: 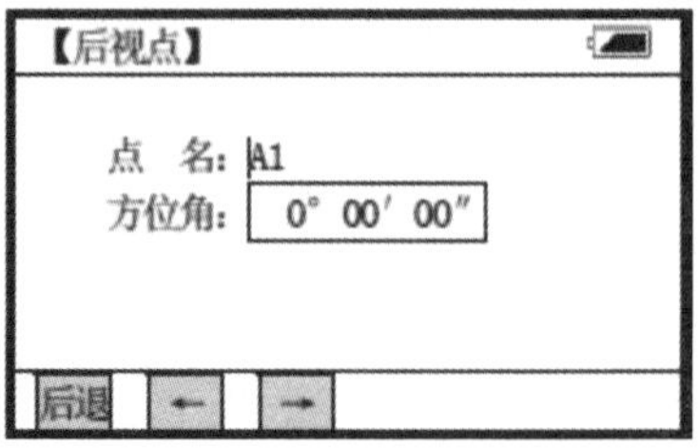 【后视点】 点 名: A1 方位角: 0° 00′ 00″ 后退 ← →

操作步骤	按键	显　　示
②　输入后视方位角后,按"ENT"键(在提示输入后视点的坐标屏幕中,输入后视点的坐标后按"ENT"键,也显示该屏幕): 方位角:输入后视点系统计算的方位角。 水平角(HR):此时仪器显示的水平角。	按"ENT"键	【后视点】 点　名:　A1 方位角:　81° 42′ 07″ HR :　62° 21′ 52″ 照准后视点　　　　(m) F.R 设置　置零　　　　　校核
A:按"F1"(设置)键后,水平角显示的角度便为方位角(因稳定性的缘故,可能与方位角有微小偏差)。	按"F1"键	A:【后视点】 点　名:　A1 方位角:　81° 42′ 07″ HR :　81° 42′ 06″ 照准后视点　　　　(m) F.R 设置　置零　　　　　校核
B:若按"F2"(置零)键,则水平角的显示为零。再按"ENT"键便退出该屏幕并把后视方向设置为零;按"ESC"键,返回到上一屏幕。	按"F2"键	B:【后视点】 点　名:　A1 方位角:　81° 42′ 07″ HR :　0° 00′ 00″ 照准后视点　　　　(m) F.R 设置　置零　　　　　校核
C:若按"F6"(校核)键,便通过测量后视点的斜距而检校后视点坐标。	按"F6"键	C:【后视点】 点　名:　A1 方位角:　81° 42′ 07″ HR :　62° 21′ 52″ 照准后视点　　　　(m) F.R 正在测距……
D:若直接按"ENT",则当前显示的水平角被作为初始后视方向记录,并用于之后的坐标计算。	按"ENT"键	D:【后视点】 点　名:　A1 方位角:　81° 42′ 07″ HR :　62° 21′ 52″ 照准后视点　　　　(m) F.R 设置　置零　　　　　校核

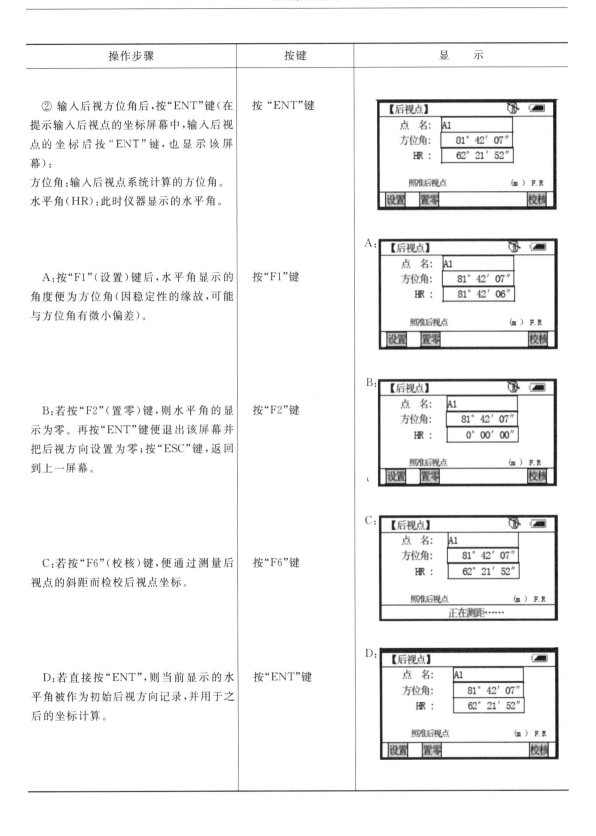

操作步骤	按键	显　示
③ 设置后视点,屏幕返回菜单主屏幕;如按"ESC"键则不存储设置而退出后视测量程序。		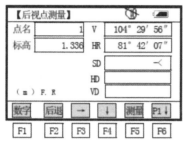

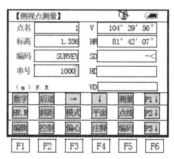

图 5.18　后视测量屏幕

设置好后视点或后视方向后,测站设置完成。

5.3.2.5　后视测量(定向)

后视测量,用于记录后视点的原始数据。

在"记录"菜单中选择"后视测量",并按"ENT"键,便进入后视测量屏幕,如图 5.18 所示。

输入后视点的棱镜高后,按"ENT"键,便记录后视测量的角度和点号,当记录后视角后,该角度则用于随后的坐标计算之中,并返回"记录"菜单屏幕。

5.3.2.6　前视测量

当设置好测站点和后视点以后,便可以进行数据采集了。在"记录"菜单中选择"前视测量"或"侧视测量",并按"ENT"键,便进入前视测量屏幕或侧视测量屏幕,如图5.19所示。

图 5.19　前视测量屏幕和侧视测量屏幕

输入前视点号后,按"F4"(↓)键。再输入棱镜高、编码,按"ENT"键便进行前视测量,并记录该观测值;如按"F5"(测量)键,只测量,不记录。

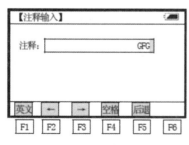

图 5.20　注释输入界面

功能键中:"F1"用于转换"数字"、"英文","F2"用于删除输入字符,"F3"、"F4"为箭头键,"F5"为测量键,"F6"(P1↓)用于选择第二页菜单。

第二页菜单显示下列功能键:

"编码"　用于从点编码库中选择编码。

"斜距"　用于角度、斜距、平距的切换。

"注释"(标注)　用于标注输入,如图 5.20 所示。

侧视测量与前视测量类似。

5.4 隧道断面测量与检测

隧道施工中,为了保证隧道开挖的平面、高程和断面几何尺寸符合设计要求,保证隧道施工的安全,须对开挖中的隧道进行检测。隧道检测内容主要有:隧道地表沉降、隧道拱顶沉降、隧道收敛以及隧道净空测量(开挖断面测量)。在这些检测工作中,隧道净空测量(开挖断面测量)是最重要的一项工作,它涉及隧道开挖的平面、高程和断面几何尺寸,关系到隧道的贯通。在隧道开挖控制中,隧道净空的大小影响到超欠挖土石方量多少,同时也影响以后的两衬厚度,进而影响成型后隧道断面的净空是否侵限。

隧道净空测量可用专用仪器——隧道断面仪进行测量。但是,隧道断面仪仅能用于隧道断面测量,且价格昂贵。实际工作中,不少施工企业采用免棱镜的全站仪,配合 Excel、AutoCAD等软件进行隧道断面测量,而且基本上能实现数据的自动记录、处理、绘图及比较。本节以直线形隧道为例,介绍采用免棱镜全站仪进行隧道断面测量和检测的方法。

5.4.1 免棱镜全站仪测量隧道断面的基本过程

免棱镜全站仪测量隧道断面的基本过程是:

(1)将全站仪安置于所要测量断面的隧道中线上,也可以安置在所要测量断面的任一点(已知点)上,进行测站设置(即输入测站点坐标、高程,设置后视方向),量取仪器高并输入仪器。

(2)根据水平度盘显示的方位角,确定断面方向,固定照准部。

(3)在免棱镜模式下,上下旋转望远镜,依次对该断面的特征点进行观测并以坐标数据形式记录。

(4)数据采集完成后,将仪器内存的断面数据下载到计算机中。

(5)对断面数据进行检查和整理,在 AutoCAD 中将实测断面图展绘出来,并与设计断面进行比较,以得到隧道超欠挖土石方量。

5.4.2 建立坐标系

断面数据以坐标数据的形式记录,就是为了方便在 AutoCAD 中绘图。为此建立如下的坐标系:

以隧道中线与所测断面轨面线的交点为原点 O,竖直方向(高程方向)为 H 轴(向上为正,向下为负),线路或隧道前进方向为 X 轴,以过 O 点垂直于 XH 面方向(轨面水平方向)为 Y 轴(向右为正,向左为负),建立坐标系,如图 5.21、图 5.22 所示。

仪器测站设置时,输入的测站点坐标和后视点坐标均应为此坐标系的坐标。所测断面方向为方位角 $90°$ 或 $270°$ 的方向。

5.4.3 断面数据采集

5.4.3.1 仪器安置

将仪器安置在所测断面隧道中线上,量取仪器高。以断面号或里程桩号建立"文件名、作业名、项目名"。将仪器的测距方式设置为无反射棱镜测量模式。

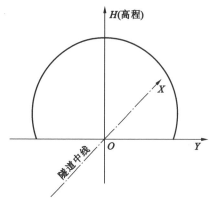

图 5.21 隧道中线与轨面的交点为原点

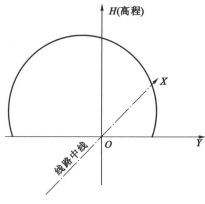

图 5.22 线路中线与轨面的交点为原点

设站:以测站点的里程为 X 值,Y 值为 0,以测站点的高程为 H 值。如果隧道中线上不便安置仪器,仪器也可以安置在其他位置,此时,必须知道此点的坐标值(里程、Y 值及高程)以便设站和定向。

定向:以隧道中线上的里程桩(点)为后视定向,方位角设置为 0°或 180°。也可以用任一已知点作后视定向。

5.4.3.2 采集断面数据

设站、定向经检查无误后,就可进行断面数据采集工作。

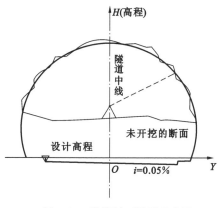

图 5.23 隧道断面测量示意图

先测量左侧的断面,旋转仪器使方位角为 270°,固定照准部,旋转望远镜,从低到高依次测量断面特征点,采集到隧道顶部为止。然后测量右侧的断面点,转动照准部,当方位角为 90°时固定照准部,按照与左边一样的顺序,依次采集断面特征点。

在照准部固定的情况下,向上或向下转动望远镜,每隔一定的距离采集一点(按测量键,测量并自动记录,点号自动+1),断面点的测量密度视基面的平整度和断面的弧度而定,基面平顺且弧度平缓,点的密度可适当小些,反之点的密度适当大些。一些特殊点位(凸出来明显的点位,凹下去明显的点位,转折点)应尽量测到。这样才能更精确地展示断面的形状。

测完一个断面,可重复上述步骤测量下一个断面。图 5.23 为隧道断面测量示意图。

5.4.4 数据处理

断面数据采集完成后,将观测数据下载到计算机中,并进行检查。由于断面图绘制使用的数据主要是坐标 Y 和高程 H,因此,在 AutoCAD 中绘制断面图时,需对测量的断面数据进行处理,将数据转换为 AutoCAD 绘制要求的坐标数据格式。即从断面点的坐标数据中取出坐标 Y 和高程 H 两列数据用于绘图。

如果断面点记录数据为斜距(SD)、水平角读数(HZ)及天顶距读数(V),则应将其转换成断面点的 Y 值和 H 值,才能用于绘图。

5.4.5 绘制断面图

根据处理后的断面点数据,在 AutoCAD 中,用多段线将测量的断面点以 Y、H 为坐标绘制出来。断面图绘制方法有多种,也可以实现自动绘制,详细情况请参考有关书籍。

5.4.6 与设计断面图比较

实测的断面图绘制完成后,就可以与隧道设计断面图进行比较,以确定超欠挖尺寸。

打开所测断面的设计断面图,以"带基点复制(B)"复制该断面图(以轨面线和隧道中线的交点为基点),粘贴到所自动生成的断面图上,超欠挖情况一目了然。还可以标注差值,计算面积的大小。

以上介绍了利用免棱镜测量断面的方法,在上述方法中,一个测站只测量了一个断面。如果需在一个测站中测量多个断面,该如何操作呢?请同学们讨论分析,提出解决方案。

5.5 变 形 监 测

在工程建设和地质灾害防治中,常常需要对建(构)筑物或地块进行变形监测。目前,变形监测主要采用高精度全站仪、精密水准仪和 GPS 进行。本节介绍全站仪在高切坡变形监测中的应用。

高切坡是山丘地区建设工程常遇到的岩土工程,也称人工削坡工程。"陡"和"高"是高切坡的主要形态特征。图 5.24 为某高速公路建设形成的高切坡。高切坡的稳定性直接关系到建设工程的安全和效益,因此需要对其进行变形监测。

图 5.24　某高速公路建设形成的高切坡

高切坡的变形监测普遍采用高精度全站仪进行定期的边角测量,以获得观测点的三维坐标,从而得到水平、垂直位移量。测量机器人——徕卡 TCA2003 是用于高切坡变形监测的高精度全站仪的典型代表。

5.5.1　徕卡 TCA2003 简介

徕卡 TCA2003(图 5.25)是 1998 年推出市场的世界上第一台带有目标自动照准功能的全自动高精度全站仪,又被称作"测量机器人"。该仪器的测角精度为 0.5″,测距精度为 1 mm＋$1\times10^{-6}D$,是当时测角、测距精度最高的全站仪。从 1999 年进入中国市场开始,徕卡 TCA2003 先后在大型水电站和水利枢纽大坝、地铁隧道和基坑、核电站和大型锅炉等工业现场高精度测量及自动化监测项目中投入使用,并取得良好的工程应用效果和口碑。

图 5.25　徕卡 TCA2003 正在自动化作业

徕卡 TCA2003 的主要特点及功能如下:

(1) EGL 导向光　在望远镜筒的上方安置了两个闪烁的光源,以便在目标点上的司镜员很容易地把棱镜移到望远镜的视线上。在遥控操作模式(RCS 模式)下,EGL 使 TCA 全站仪很容易地照准棱镜。

(2) 自动目标识别与照准　自动目标照准(ATR)在通常的重复测量中优势突现,如监测、多测回测角、正倒镜测量等。观测者只要粗略地将望远镜照准目标,按测距键,全站仪将自动地驱动望远镜去照准棱镜的中心,然后测量距离和角度。

(3) 自动目标跟踪　完成首次测量以后全站仪就能自动跟踪棱镜,自动记录测量值。

(4) Monitoring 机载监测程序　可以按自定义的时间间隔自动重复观测多达 50 个目标点。

(5) GeoMoS 通用监测软件　GeoMoS 以图形和数字显示测量和分析结果。测量结果显示在时间-位移图上,据此可以判断出监测对象的变化趋势。

(6) 本地化的三维变形分析系统　包括多测回测角(中国版)模块(SOA);监测模块(DamMonitoring)——可读取仪器测量的数据进行报表输出和数据查询;分析模块(DamAnalyzer)——可对测量的数据进行三维网平差,可绘制平差网图、变化趋势图,可进行回归分析等;远程控制模块(SoaServer)——可在远程对仪器进行控制,并获取测量数据。

5.5.2 工程实例简介

5.5.2.1 作业区概况

作业区位于湖北省宜昌市秭归县境内,作业区山峦起伏,地势高差大,雨量充沛,长江河谷与两岸山地气候变化较大,高切坡分布范围广,总数达 167 处,面积 91.28 万 m²。部分高切坡位于城镇、乡镇居民点附近及公路沿线,多为泥岩、粉砂岩边坡,少数为花岗岩边坡。这些高切坡规模大、稳定性差,是三峡库区建设治理和监测工作的重要部分。

5.5.2.2 监测主要技术依据(与全站仪相关部分)

(1)《三峡库区高切坡监测预警系统秭归县专业监测工程合同协议书》;

(2)《三峡库区高切坡监测预警系统实施方案》(水利部长江勘测技术研究所,2006 年 10 月);

(3)《建筑边坡工程技术规范》(GB 50330—2002);

(4)《建筑变形测量规程》(JGJ/T 8—2007);

(5)《工程测量规范》(GB 50026—2007);

(6)《国家三角测量规范》(GB/T 17942—2000);

(7)《中、短程光电测距规范》(GB/T 16818—2008)。

5.5.2.3 监测坐标系

(1)平面坐标采用 1954 年北京坐标系。

(2)高程采用 1956 年黄海高程系或独立高程系统。

(3)位移方向规定:垂直变形,下沉为正"＋",上升为负"－";垂直高切坡方向水平位移,向临空面滑动为正"＋",反之为负"－";沿高切坡走向水平位移,根据各高切坡特点确定正"＋"或负"－"。

5.5.2.4 监测基准网的布置与埋设

基准网点作为高切坡位移监测的参考基准(稳定点),其布置主要遵循以下要求:

(1)根据所监测高切坡的分布情况、现场地形地貌特点、地质条件,有针对性地布网。

(2)平面网点的布置根据高切坡监测点的监测需要而定,本着基准网点利用率的最大化的原则,一般情况下,数处高切坡综合考虑后组成一个网。特殊情况下,一处高切坡独立布置一个网。

(3)每个基准网点,一般宜有一个以上其他基准网点与其通视,以便于检核。

(4)基准点应选择在高切坡变形影响范围之外,基础牢固,受外界环境影响小的位置。

(5)基准网拟全部采用 GPS 观测,应按《全球定位系统(GPS)测量规范》(GB/T 18314—2001)要求,各基准点具备 GPS 观测条件。秭归县城、泄滩镇高切坡监测基准网平面布置如图 5.26、图 5.27 所示。

基准点一般应采用具有强制对中基盘的钢筋混凝土观测墩,观测墩底部设立水准标志。观测墩的四面应分别用红色油漆喷涂点号、保护警语;在观测墩站台上,用字模刻印平面及高程点点号,并用红油漆填写清楚。基准点标点埋设完成后,及时填写点之记号。

5.5.2.5 监测点布置与埋设

监测点作为高切坡位移监测的对象,水平、垂直位移监测点成对布置,其布置主要遵循以下要求:

(1)根据高切坡的地质结构、变形特征等确定监测点位;

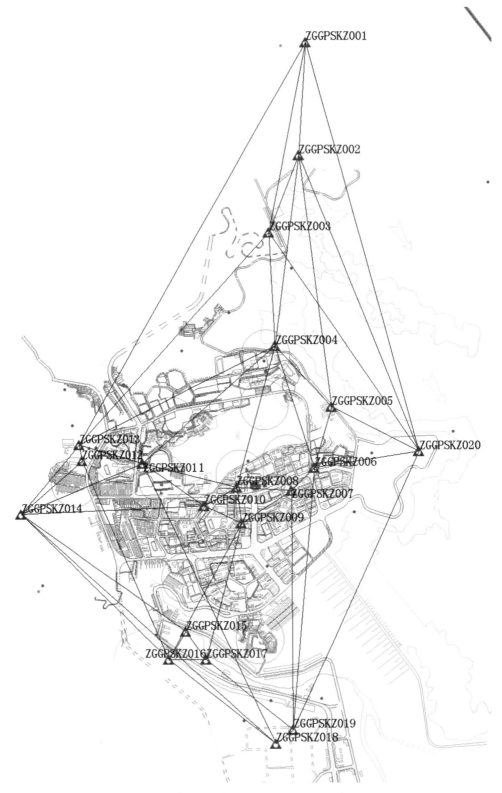

图 5.26　秭归县城高切坡监测基准网平面布置图

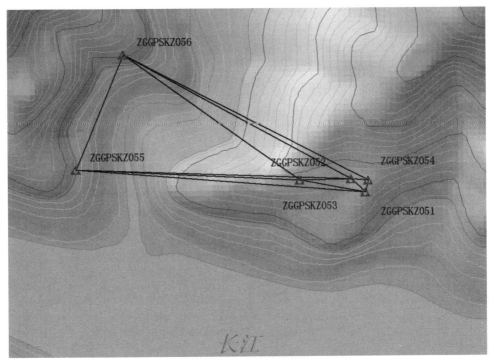

图 5.27 泄滩镇高切坡监测基准网平面布置图

（2）一般情况下监测点布置在坡顶，以能真实反映高切坡变形的敏感部位为准；

（3）采用 GPS 观测的监测点应按《全球定位系统（GPS）测量规范》要求，具备 GPS 观测条件；

（4）采用全站仪观测的监测点应按《建筑变形测量规程》（JGJ/T 8—2007）要求，具备全站仪观测条件。

通过现场查勘，确定各高切坡监测点布设方案。如天问路气象局高切坡（ZG0017）监测点布置如图 5.28 所示。

一般情况下，监测点采用具有强制对中基盘的钢筋混凝土观测墩，观测墩的四面应分别用红色油漆喷涂点号、保护警语。

5.5.2.6 监测点的观测

监测点的观测，采用单点双极坐标法和多点极坐标法进行观测。观测时，用徕卡 TCA2003 全站仪内置的"监测程序"进行监测点观测，自动采集水平角、垂直角、边长观测数据，通过与计算机通信传输，自动生成观测报表。主要要求如下：

（1）首次观测前，测定全站仪加、乘常数；

（2）观测过程中记录测站和镜站的气温和气压；

（3）观测测回数不少于 4 个测回，观测条件不理想时，适当增加测回数；

（4）测回间坐标较差原则上要求不大于 3 mm，不满足要求应及时补测。

徕卡 TCA2003 全站仪具体操作步骤如下：

（1）测站设置

开机，在主菜单下，按"F5"（SETUP）功能键进入"测站设置"，如图 5.29 所示。

选择用户模板，即观测数据的格式为：极坐标/笛卡尔坐标/极坐标＋笛卡尔坐标/自定义 1/自定义 2。

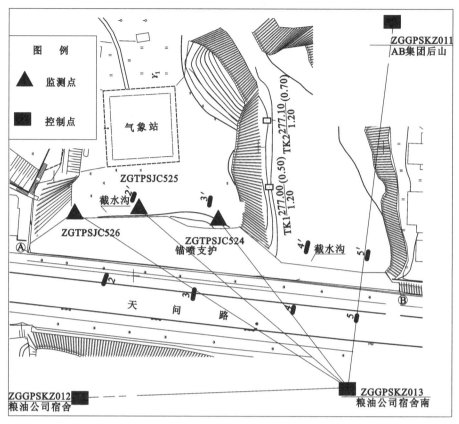

图 5.28　天问路气象局高切坡(ZG0017)监测点布置图

SETUP\START-UP DISPLAY						选择用户模板,记录装置选择内存卡或 RS232,选择
Select user template & files		选择用户模板和文件				测量和数据文件名后,按 F4(QSET) 快速设置,用两
user templ.	:	用户模板				已知点进行设置(测站点和后视方向点)F5(SIN) 标
Rec. device	:	记录装置				准设置,用一个已知点和一个已知方位角进行设置
Meas. file	:	测量文件名				(测站点和一个方位角)
Data file	:	数据文件名				TPS1000 仪器中进行选择均使用 "LIST" 功能键
			QSET	SIN	LIST	快速　标准　列表

图 5.29　测站设置

选择记录文件位置和文件名。

测站标准设置如图 5.30 所示。

SETUP\	STATION DATA					测站数据
Station no	:	测站点号				输入测站点号和仪器高,并输入该点的坐标数据,
Inst .Height	:	仪器高				瞄准后视点,再按 F4(Hz0)输入后视方位角,再按
Stn. Easting	:	测站点东坐标				CONT 确认即可。
Stn.Northng	:	测站点北坐标				
Stn.Elev.	:	测站点高程				如果输入的点号已经在数据文件中,可以按 F5
Hz	:	水平角				(IMPOR) 从文件中调出并显示。
			REC	Hz0 IMPOR	EDIT	记录　归零　输入　编辑

图 5.30　测站标准设置

测站快速设置如图 5.31 所示。

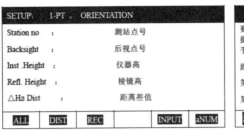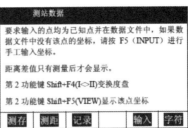

图 5.31　测站快速设置

测站点号、后视点号及仪器高、棱镜高均输入后,按"CONT"或"F3"(REC)两次即完成测站设置。

(2) 监测(Monitoring)

完成测站设置后,即可进入 Monitoring 监测软件,如图 5.32 所示。

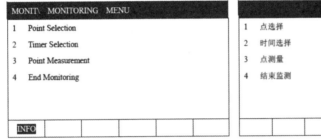

图 5.32　Monitoring 菜单

点选择:选择观测点数、测量方法和重复次数,如图 5.33 所示。

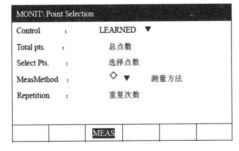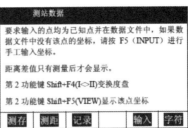

图 5.33　点选择

时间选择:选择开始时间、结束时间和间隔时间,如图 5.34 所示。

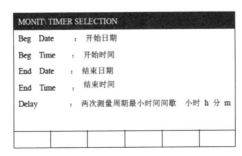

图 5.34　时间选择

点测量:对观测点进行测量,如图 5.35 所示。

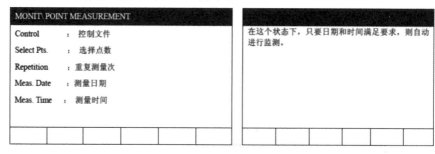

图 5.35　点测量

5.5.2.7　监测点的监测周期

本高切坡变形监测的监测周期,设计为每年正常观测 10 次左右,观测时间一般为 1 月、3 月、4 月、5 月、6 月、7 月、8 月、9 月、10 月、11 月,观测 3 年,共计观测 30 次;雨季或其他异常情况加强巡查,需要时加密观测或合理调整周期观测时间。

5.6　曲线测设

在道路工程的定线放样中,放样曲线是必不可少的内容。目前,曲线的测设手段主要有 GPS-RTK 测量和全站仪放样。在利用全站仪测设曲线时,传统的方法是:通过道路设计软件或利用 Excel 根据曲线设计参数,计算出放样元素,将放样元素传输到全站仪内存,到现场后,利用相关里程桩进行放样。

随着全站仪技术的发展,全站仪的强大的计算功能改变了许多传统的计算手段。目前全站仪内部装有机载道路曲线设计与计算程序,将线路的设计参数按要求输入之后,全站仪内的软件自动生成出放样数据并保存于文件中,在现场调取数据即可进行放样。利用全站仪机载程序进行线路计算时,首先需定义线形。定义水平定线的方法有两种:第一种方法,在计算机中,将线路设计参数按规定的数据格式存放在数据文件中,将数据文件传输到全站仪中;第二种方法,在"道路设计"程序中手工输入,完成后进行计算。

本节以南方 NTS342R 全站仪为例,介绍全站仪在曲线测设中的应用。

5.6.1　南方 NTS342R 全站仪简介

南方 NTS342R 全站仪(图 5.36)的技术特点如下:

(1)一体化激光测距系统,激光免棱镜测距 300 m,棱镜测距 5000 m。

(2)TFT 彩色触摸显示屏幕,3.2 寸 6 万 5 千色。

(3)数据接口有 SD 卡、miniUSB、U 盘、蓝牙、RS232C 接口。

(4)测量、放样等功能以图形化显示。

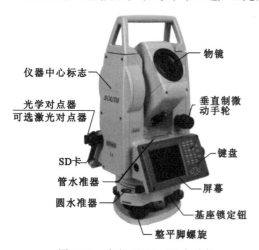

图 5.36　南方 NTS342R 全站仪

（5）配有道路曲线计算、坐标正反算、土方计算、隧道断面测量放样等多种应用程序。

南方 NTS342R 全站仪的功能示意图如图 5.37 所示。

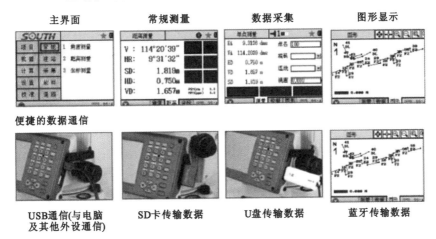

图 5.37　南方 NTS342R 全站仪功能示意图

5.6.2　道路曲线计算

开机初始化后，在"主界面"上选择"道路"，如图 5.38 所示。

（1）按"1"，选择新建一条道路（每个项目里可以建立 5 条道路）。按"ENT"键确认并返回。

（2）按"2"，进入编辑水平定线界面，进行水平定线编辑。水平定线即平面定线，只计算放样点的平面坐标。

南方 NTS342R 全站仪所需要输入的计算曲线道路的要素是：起始点坐标、起始方位角、圆曲线半径、圆曲线长、缓和曲线起始半径、缓和曲线终点半径和缓和曲线参数值。

（1）点击"添加"，如图 5.39 所示，输入起始点坐标和起始方位角，按"ENT"确认并返回。

图 5.38　南方 NTS342R 全站仪主界面　　　　　图 5.39　起始点输入

（2）点击"添加"，出现"直线"、"圆曲线"、"缓和曲线"选项，依据实际情况，从起始点开始是上述的哪一种线形条件则输入哪一种线形，如，K0+000 到 K0+528.89 输入直线，如图 5.40 所示。

K0+528.887 到 K0+854.859 输入圆曲线，如图 5.41 所示。

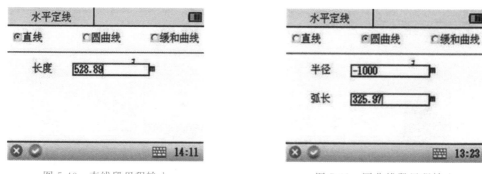

图 5.40　直线段里程输入　　　　　　　图 5.41　圆曲线段里程输入

接着,K0+854.859 到 K1+257.350 输入直线,K1+257.350 到 K1+307.350 输入缓和曲线,K1+307.350 到 K1+362.320 输入圆曲线,K1+362.320 到 K1+412.320 输入缓和曲线,以此类推。

(3) 输入注意事项。为了区分线路转折的左右方向,直曲线表里转角值的下方有(Z),(Z)

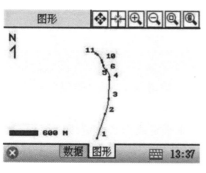

图 5.42　绘制曲线道路走向图

代表向左转,(Y)代表向右转。体现在圆曲线半径输入以带"—"号代表向左,缓和曲线参数输入以带"—"代表向左。

缓和曲线的输入原则:缓和曲线接直线或缓和曲线,半径输入"0",如果接圆弧,则输入圆曲线半径。

(4) 输入完毕,点击"编辑"修改可能错误的输入。点击"图形"绘制曲线道路走向图,如图 5.42 所示。

(5) 点击"计算道路坐标",输入步进值 10,表示由线路起点开始每隔 10 m 计算 1 个中桩坐标,如图 5.43 所示。

(6) 坐标计算结果的查阅、编辑和修改如图 5.44 所示。

图 5.43　坐标计算

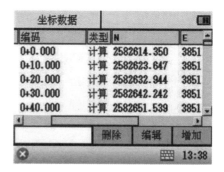

图 5.44　坐标数据的编辑

5.6.3　道路放样

(1) 按"4",进入"道路放样"界面,如图 5.45 所示。建立测站,输入放样中、边桩偏差,步进值代表放样桩间隔。中桩偏差如果输入"0",表示只是放样中桩。如果输入右边"10",则同时放样右边桩。

（2）按"继续"，可以继续放样其他点的坐标。桩号可以通过"减"或"加"按钮成倍递减或递增选择桩号。用户也可以输入自己需要放样的桩号放样该桩号点坐标。通过方向罗盘指针或左右前后偏差值，指挥立镜者快速到达放样点位，如图 5.46 所示。

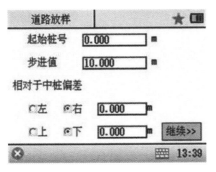

图 5.45　道路放样

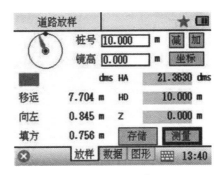

图 5.46　放样点差值显示

5.7　跨河高程传递

《国家一、二等水准测量规范》(GB/T 12897—2006)规定：在精密水准测量（国家一、二等水准测量）中，当水准路线跨越江、河，视线长度不超过 100 m 时，可采用一般方法进行观测，但在测站上应变换仪器高度观测两次，两次高差之差不大于 1.5 mm，取两次结果的中数。若视线长度超过 100 m，应根据视线长度和仪器设备等情况，选用合适的方法进行观测。测量方法的选用见表 5.1。

表 5.1　跨河水准测量使用的方法概要及适用的距离

序号	观测方法	方法概要	最长跨距(m)
1	光学测微法	使用一台水准仪，用水平视线照准觇板标志，并读记测微鼓分划值，求出两岸高差	500
2	倾斜螺旋法	使用两台水准仪对向观测，用倾斜螺旋或气泡移动来测定水平视线上、下标志的倾角，计算水平视线位置，求出两岸高差	1500
3	经纬仪倾角法	使用两台经纬仪，对向观测，用垂直度盘测定水平视线上、下两标志的倾角，计算水平视线位置，求出两岸高差	3500
4	测距三角高程法	使用两台经纬仪，对向观测，测定偏离水平视线的标志的倾角，用测距仪测量距离，求出两岸高差	3500
5	GPS 测量法	使用 GPS 接收机和水准仪分别测定两岸点位的大地高差和同岸点位的水准高差，求出两岸的高程和两岸高差	3500

由于测量设备、测量技术手段的更新，目前在跨河水准测量中，主要采用"测距三角高程法"和"GPS 测量法"。本节以徕卡 TCA2003 全站仪为例，介绍全站仪在跨河高程传递中的实施方法。

5.7.1　场地的选择与布设

（1）进行跨河水准测量的场地，应选择在有利于安置仪器和观测的较窄河段处。

（2）跨河观测视线不得通过草丛、干丘、沙滩的上方。

（3）当跨河视线长度小于 300 m 时，视线高度应不低于 2 m；大于 500 m 时，应不低于 $4\sqrt{S}$ m（S 为跨河视线长度千米数）；当视线高度不能满足要求时，应埋设牢固的标尺桩，并建造稳固的观测台或标架。

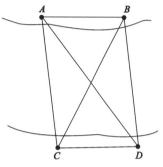

图 5.47　测距三角高程法两岸仪器及立镜点布置图

（4）两岸由仪器至水边的一段距离，应大致相等，其地貌、土质、植被等也应相似。仪器位置应选在开阔、通风处，不应靠近墙壁及土、石、砖堆等。

（5）跨河视线方向，宜避免正对日照方向，困难时可适当增大视线长度。

（6）布设跨河高程传递场地，应使两岸仪器及立镜点构成图 5.47 所示的大地四边形。A、B 和 C、D 分别为两岸安置仪器（或棱镜）的位置，均应埋设固定点。其中 A、D 为普通水准标石，B、C 为 40 cm×20 cm 的混凝土标石，中间嵌标志。也可打入 50 cm×10 cm×10 cm 的大木桩，中间打帽钉，标石或木桩顶间应埋入地面下 0.1 m。

5.7.2　跨河高程传递的实施

5.7.2.1　本岸测站间高差测定

本岸测站点 A、B 和 C、D 之间的高差可用水准仪按同等级的水准测量要求进行往返测。也可采用全站仪进行测量，如测量 A、B 点之间的高差，在 A、B 点安置棱镜，AB 的中点上安置徕卡 TCA2003 全站仪，前后视距离差应不大于 0.5 m。分别用盘左、盘右位置往返测量出 A、B 点之间的高差。也可采用徕卡 TCA2003 全站仪自动化观测，往返测量出 A、B 点之间的高差。往返测量的差值应在同等级水准测量限差范围内。

5.7.2.2　跨河高程传递——测距三角高程法

（1）观测步骤

跨河高程传递用两台全站仪同时进行测距三角高程法测量。观测顺序如下：

① 在 A、C 点设站，同时观测本岸近点棱镜，而后同步观测对岸远点棱镜。

② A 点仪器不动，将 C 点仪器迁至 D 点，两岸仪器同时观测对岸远点棱镜。

③ D 点仪器不动，观测本岸近点棱镜。此时将 A 点迁至 B 点，然后两岸仪器同时观测对岸远点棱镜。

④ B 点仪器不动，观测本岸近点棱镜。此时将 D 点重新迁至 C 点，两岸仪器同时观测对岸远点棱镜。最后 C 点仪器再次观测本岸近点棱镜，至此两台仪器共完成 4 个单测回。

⑤ 两岸仪器、棱镜对调，重复①～④步骤，至此两台仪器共完成 4 个双测回。

观测选择风力微和、气温变化小的气象条件下进行。测量时，将气压、温度直接输入仪器进行改正，观测时启用自动目标识别，减少瞄准误差。现场直接记录高差、平距、垂直角、仪器高、棱镜高，其中平距、垂直角、仪器高、棱镜高主要用于检核。

（2）作业限差要求

① 距离观测限差要求见表 5.2。

表 5.2 距离观测的限差

跨河水准等级	测距精度等级	观测时间段		一个时间段内测回数	一测回读数间较差（mm）	测回中数间较差（mm）	往返（或时间段）距离中中数的较差（mm）
		往	返				
一	Ⅱ	2	2	4	≤10	≤15	$\leq 2(a+b \times 10^{-6} D)$
二	Ⅱ	2	2	6	≤10	≤15	$\leq 2(a+b \times 10^{-6} D)$

注：① a、b 为测距仪标称参数值，D 为所测距离千米数。

② 每照准一次，读 4 次数为一测回。当进行对向观测确有困难时，可以单向观测，但总的观测时间段不能减少。

③ 测距仪和反射镜的高度量至毫米，两次量测之差应不大于 3 mm，各次设站高度不必强求一致。

② 垂直角观测限差：指标差互差≤8″，同一标志垂直角互差≤4″。

测回间高差互差：由大地四边形组成 3 个独立闭合环，用同一时段的各条边高差计算闭合差，各环线的闭合差 $W \leq 6 \times M_w \sqrt{S}$（$M_w$ 为每千米水准测量的全中误差限值，单位为 mm；S 为跨河视线长度，单位为 km）。

5.7.3 跨河高差计算

5.7.3.1 环线闭合差的计算

分别按 3 个闭合环计算闭合差，即 $D-A-B-D$、$C-A-B-C$、$C-A-D-C$，如表 5.3 所示。

表 5.3 跨河高程传递闭合差统计表 （单位：mm）

闭合环	时段一	时段二	时段三	时段四
$D-A-B-D$	1.1	3.2	2.1	1.3
$C-A-B-C$	1.4	−0.9	0.2	1.1
$C-A-D-C$	2.1	−3.1	−0.5	1.6

5.7.3.2 平差计算

以观测距离定权，对数据进行严密平差。高差观测值平差结果如表 5.4 所示。

表 5.4 跨河高差观测值平差结果

序号	起点	终点	平差后高差（m）	改正数（mm）	中误差（mm）	距离（km）
1	D	A	0.6562	0.92	0.80	0.552
2	A	B	−0.0672	−0.01	0.17	0.019
3	B	D	−0.5890	−1.05	0.79	0.554
4	C	A	−0.1116	−1.31	0.79	0.552
5	B	C	0.1787	1.12	0.79	0.552
6	D	C	0.7677	−0.09	0.17	0.019

本　章　小　结

在地形图测绘前,需在测区首级控制的基础上进行控制点加密(测量测站点)。控制点加密目前广泛使用全站仪进行施测。使用全站仪施测平高(平面、高程)导线,除采用传统方法(即外业测量水平角、垂直角及边长,内业进行平差计算)外,还可用全站仪的程序测量功能,导线测量、平差一并进行。

在线路测量中,通常分两阶段进行,即线路的初测和线路的定测。定测阶段的主要工作是中线测量和线路的纵、横断面测量。线路的纵断面测量一般采用水准测量方法进行。横断面测量可以采用全站仪的"横断面测量"功能模块进行。

使用全站仪进行野外数据采集是全站仪最广泛的应用。全站仪采集数据的基本步骤是:建立作业、工程、文件;录入或传输已知点的数据;在已知点安置全站仪,量取仪器高;开机对全站仪进行参数设置,如温度、气压、棱镜常数等;设置测站点、后视点,并进行测站检查;然后逐点进行数据观测并记录。

隧道施工中,隧道净空测量是一项保证施工质量的重要工作,采用免棱镜全站仪,配合 Excel、AutoCAD 等软件,可以低成本地完成对隧道断面的检测。

高精度的全站仪往往具有若干自动化功能和附带专用应用软件,用于变形监测有许多明显的优势,不仅能保证观测数据的精度,而且能大大提高工作效率。

道路工程的定线放样中,放样曲线是必不可少的内容。全站仪内部机载道路曲线设计与计算程序,为曲线放样数据准备提供了极大的方便。

全站仪测距三角高程法,是目前进行大跨越精密高程传递的主要方法,在一、二等精密水准测量中经常用到。全站仪测距三角高程法场地选择及观测条件要求严格,观测工作量大,观测质量要求高,数据处理严密。必须认真对待各个环节,才能取得合格的成果。

习　　题

5.1　以你所用的全站仪为例,说明利用全站仪进行平高导线测量的方法与步骤。

5.2　以你所用的全站仪为例,说明利用全站仪进行横断面测量与放样的方法与步骤。

5.3　以你所用的全站仪为例,说明利用全站仪进行数据采集的过程。

5.4　在隧道断面测量中,如何利用免棱镜全站仪进行隧道断面测量与检测?

5.5　举例说明高精度全站仪是如何对高切坡进行监测的。

5.6　举例说明全站仪测设曲线的过程。

5.7　高精度全站仪是如何进行跨河高程传递的?

6　新型全站仪介绍

【学习目标】

1. 了解 Windows 全站仪的功能特点；

2. 了解智能全站仪的功能特点及常用产品；

3. 了解超全站仪的功能特点。

【技能目标】

能区别 Windows 全站仪、智能全站仪和超全站仪。

6.1　Windows 全站仪

Windows 全站仪是指带有操作系统的全站仪。Windows 全站仪普遍采用最新的 Windows CE.NET 4.2 操作系统、QVGATFT 触摸式彩色液晶显示屏、图形化的操作界面、内装功能强大的专业测量程序。近年，Windows 全站仪发展很快，各全站仪厂商都在全力推出适应不同使用对象的 Windows 全站仪产品。本节以拓普康 GPT7000i 全站仪为例，介绍 Windows 全站仪的使用。

6.1.1　拓普康 GPT7000i 全站仪简介

拓普康 GPT7000i 全站仪（图 6.1）是拓普康公司推出的世界首款彩屏 WinCE 智能图像全站仪。仪器采用内置两个 CCD 数码相机（广角和长焦），使得测量坐标与影像数据同步记录。该仪器采用最新的 Windows CE.NET 4.2 操作系统、QVGATFT 触摸式彩色液晶显示屏、图形化的操作界面、高精度长距离无棱镜测距以及内装 TopSURV 机载软件。仪器具有 CF 卡、USB、蓝牙和 RC232C 多种数据通信接口。

拓普康 GPT7000i 系列图像全站仪有 GPT7001i、GPT7002i、GPT7003i 及 GPT7005i 四种型号，其测角精度分别为 $\pm 1''$、$\pm 2''$、$\pm 3''$ 和 $\pm 5''$；测距精度均为 2 mm $+$ $2\times10^{-6}D$（有棱镜）和 ± 5 mm（无棱镜），测程为 3 km（单棱镜）和 250 m（无棱镜）。

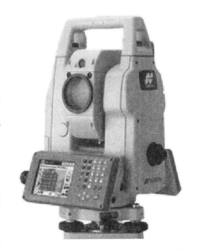

图 6.1　拓普康 GPT7000i 全站仪

拓普康 GPT7000i 全站仪的操作面板如图 6.2 所示。

仪器采用 Microsoft@ Windows@ CE.NET 4.2 操作系统，微处理器 Intel PXA255 400MHz，存储器 RAM 128MB、ROM 256MB（Flash Disk），可插小型通用存储卡 Compact

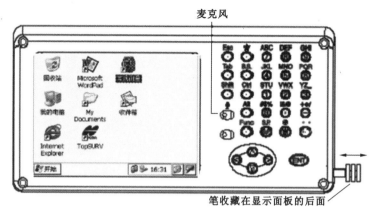

图 6.2　拓普康 GPT7000i 全站仪的操作面板

Flash（Tm）Card（Ⅰ/Ⅱ型），显示屏为 320×240（QVGA）点阵图形、LCD TFT 彩屏，含背景光和触摸屏功能。

与其他 Windows 全站仪比较，拓普康 GPT7000i 全站仪最大的特点是内置了广角和长焦两个镜头的 CCD 数码相机，镜头的有效像素为 640×480（VGA），数字变焦倍数为 0.25、0.5、1.0、2.0，广角镜头和长焦镜头的视场角分别为 30°、1°。

拓普康 GPT7000i 全站仪的主要性能特点：

（1）照准方便、快捷

屏显影像辅助快速照准目标。用户转动望远镜，通过触摸屏上显示的影像快速定位到目标区域（广角和长焦影像可以任意切换），然后再通过望远镜进行精确照准，从而减少通过望远镜搜索测量点的时间。

（2）测量、放样点实时显示

外业作业中，测量点或者待放样点均可实时叠加显示在目标区域的影像上，实现整个测量作业的图形化显示，作业过程中就可以对测量点、放样点进行检查。

（3）影像同步记录

在进行目标点测量或放样的同时，目标点区域周围的数字影像被同步记录下来，方便进行内业检查和处理。

（4）线特征点自动提取

测量建筑物表面等具有明显线特征的目标时，拓普康 GPT7000i 全站仪通过影像处理技术，具有自动边缘检测提取功能，这样在进行无棱镜测量时，提高了测量边角点的精度。

（5）三维影像测量

拓普康 GPT7000i 全站仪可进行三维影像测量。针对不同的应用对象，三维影像测量可选择"简单测量模式"或"高精度测量模式"。

在简单测量模式中，拓普康 GPT7000i 全站仪分别安置在两个测站上对准目标区域进行拍摄，通过获取的立体像对进行立体量测。由于成像的几何关系相对于全站仪是已知的，因此，无须进行定向处理。这种方式主要用于低精度的三维测量。

在高精度测量模式中，需要进行三个步骤：

第一步，拓普康 GPT7000i 全站仪安置在一个测站上，在目标区域内测量一定数量的控制点作为像控点，并同时记录控制点的影像；第二步，用一台大幅面高分辨率数码相机，在测站点的左右两侧对目标区域进行拍摄,以获取立体像对;第三步,利用测量的像控制点及其影像和目标区域的立体像对进行定向,从而进行立体量测。

仪器为此提供了配套的软件系统,包括机载野外定向软件 Field Orientation 和后处理软件三维影像工作站 PI3000。野外定向软件完成像控点测量及其影像记录,PI3000 软件则完成立体量测的后处理。

6.1.2　拓普康 GPT7000i 全站仪常规测量操作简介

拓普康 GPT7000i 全站仪常规测量程序与其他全站仪相类似,主要用于完成一些简单的测量工作;不同的是,在屏幕上可以看到测点的影像。

在拓普康 GPT7000i 全站仪启动界面上,双击"常规测量",即进行标准测量,如图 6.3 所示。

图 6.3　拓普康 GPT7000i 全站仪启动界面与标准测量界面

在"标准测量"菜单下,有"观测"、"设置"、"检校"及"程序"四个功能菜单。

6.1.2.1　"观测"菜单

"观测"包括角度测量、距离测量、坐标测量三种方式。点击"观测"进入测量界面,如图6.4所示,此时照准方向的影像将显示在屏幕上。

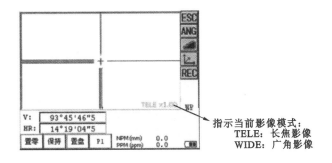

图 6.4　拓普康 GPT7000i 全站仪测量界面

影像有长焦和广角两种。长焦影像(TELE)是由长焦镜头获取的影像。影像取景范围小,集中反映局部细节。广角影像(WIDE)是由广角镜头获取的影像。按下键盘上的数字键"1",屏幕上将显示长焦影像;按下键盘上的数字键"2"时,显示的将是广角影像。用户还可以通过使用触笔点击屏幕上当前显示的影像来快速切换长焦影像或广角影像。

按下键盘上的"←"光标键,缩放系数减小;按下键盘上的"→"光标键,缩放系数增大。按下键盘上的"↑"光标键,影像亮度增加;按下键盘上的"↓"光标键,影像变暗。通过调整对比度可以使影像达到更清晰的显示效果。用户可以通过按下键盘上的数字键"9"来切换显示或者隐藏图像上的十字丝。

"角度测量"、"距离测量"、"坐标测量"操作方法与其他全站仪的操作方法类似。当"通讯"参数设置完成后,点击"观测"界面上的"REC",全站仪上将显示观测结果,并自动传输到数据采集器上。

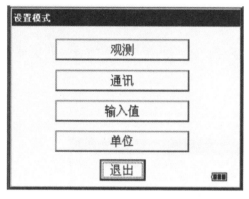

图 6.5　拓普康 GPT7000i 全站仪参数设置界面

6.1.2.2　"设置"菜单

"设置"用于设置仪器的各种参数。图 6.5 为拓普康 GPT7000i 全站仪参数设置界面。

6.1.2.3　"检校"菜单

在"检校模式"下,可进行 V 角零点调整、仪器常数设置、三轴补偿设定、EDM 检查以及数码相机校正。检校界面如图 6.6 所示。

6.1.2.4　"程序"菜单

在"程序模式"下,可设置水平定向角"BS"、悬高测量"REM"、对边测量"MLM"、角度复测"REP"以及边界提取"EDGE",如图 6.7 所示。

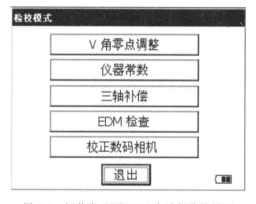

图 6.6　拓普康 GPT7000i 全站仪检校界面

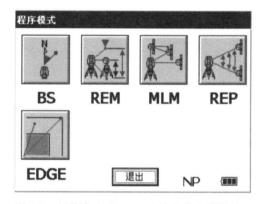

图 6.7　拓普康 GPT7000i 全站仪程序测量界面

6.1.3　拓普康 GPT7000i 全站仪的 TopSURV 机载软件操作简介

机载 TopSURV 软件的主要功能有:测量、放样、道路测设、偏心测量、后方交会、对边测量、面积计算、多种格式的数据导入与导出、计算 COGO(子菜单:反算、交点、点到线的反算、方向上的点、平移、旋转、尺度比、面积计算)和图形处理等。在测量和放样的同时,可以看到记录测点的影像。

仪器开机后,在 WinCE 桌面上选中"TopSURV"图标并按下"ENT"键,图 6.8 所示的闪屏会持续大约 8 秒钟,然后全屏显示软件主菜单。

6.1.3.1　"作业"菜单

"作业"菜单有:打开、新建、删除、设置、导入、导出、信息及退出等子菜单。

TopSURV 所有的观测数据均存储在以作业名为文件名的数据文件中,对于一项新测量,首先应创建一个新的作业。

图 6.8　机载 TopSURV 软件启动界面

点击"作业"菜单,按下"新建",在新建作业界面(图 6.9)输入名称、生成者、注释等信息后,按"完成"保存新作业。

不同的作业任务,可能需要一些不同的参数设置。设置的项目主要有:测量参数设置、放样参数设置、气温/气压值设置、显示设置等。

6.1.3.2　"编辑"菜单

"编辑"菜单有:点、编码、点列表、横断面模板、道路、原始数据等。

例如,欲查阅坐标点数据,点击"编辑",再点击"点",界面如图 6.10 所示。

图 6.9　机载 TopSURV 软件新建作业界面　　　　图 6.10　点查阅编辑信息显示

点页面将存储的坐标点数据以坐标和编码的形式显示。

"用编码查找":选择一个有效的编码,第一个具有该编码属性的点将以高亮显示在列表中。

"用点查找":通过该点点号或点号的一部分查找该点。

"查找下一个":搜索与前面查找点具有相同性质的下一点。

"删除":从列表中删除当前点。

"编辑":打开编辑坐标点数据页面,用户可对当前点的点号、编码或坐标进行编辑。

"增加":通过增加新点页面可生成新的坐标点数据。

上述选项操作,可以实现点的查询、编辑、增加、删除等。

6.1.3.3　"测量"菜单

"测量"菜单有:测站点/BS 设置、观测、横断面测量、查找桩号、钢尺联测、对边测量。

　　例如,点击"测站点/BS 设置",进入测站点和 BS 设置界面,如图 6.11 所示。输入测站点号、仪器高 IH、棱镜高 RH、后视点等信息后,用盘左位置精确照准后视点,点击"设置"即完成该测站设置。

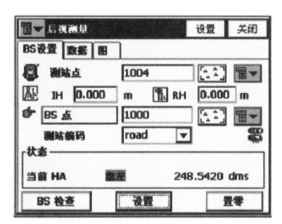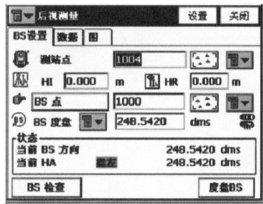

图 6.11　测站点和 BS 设置界面

　　点击"观测"即进入图 6.12 所示的观测界面。照准观测点后,按"观测",即开始测量并显示观测值,按"ENT"键记录,此时点号会自动加 1。如果直接按"ENT"键,仪器自动观测并记录。

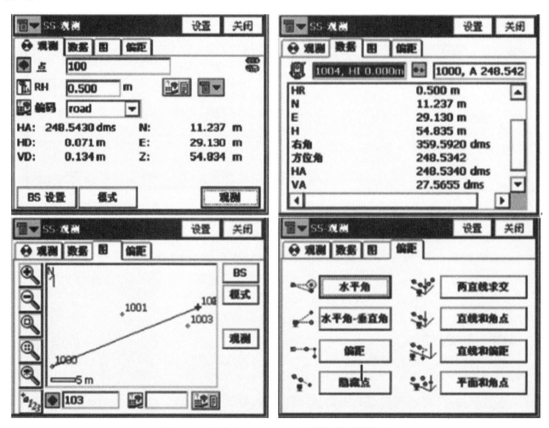

图 6.12　拓普康 GPT7000i 全站仪的观测界面

6.1.3.4 "放样"菜单

"放样"菜单有:点、按方向放点、点列表、道路。

点击"点",即进入图 6.13 所示的点放样界面。输入放样点的点号,按"放样",屏幕以角度模式显示放样状态,转动照准部,使"转动"栏显示的角度值为零则找到了放样方向,指挥司镜员在该方向上安置棱镜,按"观测",按照显示值指挥司镜员在该方向上前后移动棱镜,直到偏离值趋近于零为止。按"存储",存储放样点的实测坐标。按"继续",继续放样其他点。

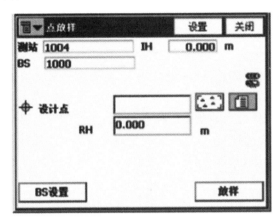
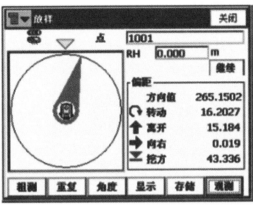

图 6.13　点放样界面

点击"道路",即进入道路放样界面,如图 6.14 所示。

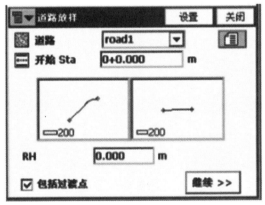
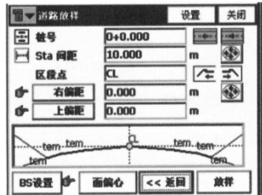

图 6.14　道路放样界面

6.2　测量机器人

测量机器人,又称智能全站仪、自动全站仪,是在普通全站仪的基础上,采用伺服电机驱动和其他光电技术,使仪器具有自动寻找目标和自动调焦的性能,从而实现观测过程的自动化。它是一种集自动目标识别、自动照准、自动测角与测距、自动目标跟踪、自动记录于一体的测量平台。

测量机器人的技术组成包括坐标系统、操纵器、换能器、计算机和控制器、闭路控制传感器、决定制作、目标捕获和集成传感器等八大部分。

坐标系统：为球面坐标系统，望远镜能绕仪器的纵轴和横轴旋转，在水平面 360°、竖面 180°范围内寻找目标。

操纵器：作用是控制机器人的转动。

换能器：可将电能转化为机械能以驱动步进马达运动。

计算机和控制器：功能是自始至终操纵系统、存储观测数据并与其他系统接口，控制方式多采用连续路径或点到点的伺服控制系统。

闭路控制传感器：将反馈信号传送给操纵器和控制器，以进行跟踪测量或精密定位。

决定制作：主要用于发现目标，如采用模拟人识别图像的方法（称试探分析）或对目标局部特征分析的方法（称句法分析）进行影像匹配。

目标捕获：用于精确地照准目标，常采用开窗法、阈值法、区域分割法、回光信号最强法以及方形螺旋式扫描法等。

集成传感器：包括采用距离、角度、温度、气压等传感器获取各种观测值。由影像传感器构成的视频成像系统通过影像生成、影像获取和影像处理，在计算机和控制器的操纵下实现自动跟踪和精确照准目标，从而获取物体或物体某部分的长度、厚度、宽度、方位、二维和三维坐标等信息，进而得到物体的形态及其随时间的变化。

有些测量机器人还为用户提供了一个二次开发平台，利用该平台开发的软件可以直接在全站仪上运行。用户根据自身业务特点设计专用的作业程序，可实现测量过程、数据记录、数据处理和报表输出的自动化。

目前，我国工程建设领域中使用的测量机器人主要是瑞士徕卡（Leica）的产品，日本拓普康（Topcon）公司的测量机器人在一些工程项目上也得到了应用。下面介绍几款典型测量机器人。

6.2.1　徕卡 TCA2003 测量机器人

徕卡 TCA2003 测量机器人（图 6.15），在第 5 章已经作了简单介绍，是徕卡测量系统于 1998 年推向市场的世界上第一台带有目标自动照准功能的全自动全站仪，开始被称作"测量机器人"，测角精度 $0.5''$，测距精度 $1\ mm + 1 \times 10^{-6} D$。

徕卡 TCA2003 测量机器人从 1999 年进入中国市场开始，先后在大型水电站和水利枢纽大坝、地铁隧道和基坑、核电站和大型锅炉等工业现场高精度测量及自动化监测项目中投入使用，并收到良好的工程应用效果，得到众多用户的赞许。此后，徕卡 TCA2003 测量机器人在浦东磁悬浮、卢浦大桥、青藏铁路、武广高速铁路、国家大剧院、"鸟巢"、广州电视台发射塔等一批国家重大工程和特殊建筑物建设项目中得到应用。

6.2.2　徕卡 TM30 精密测量机器人

徕卡 TM30 精密测量机器人如图 6.16 所示，是徕卡 TCA2003 测量机器人的换代产品，其主要特色有：

（1）精确、高速、低噪声

徕卡 TM30 精密测量机器人测角精度为 $0.5''$，有棱镜测距精度为 $0.6\ mm + 1 \times 10^{-6} D$，无棱镜测距精度为 $2\ mm + 2 \times 10^{-6} D$。

徕卡 TM30 精密测量机器人使用压电陶瓷驱动技术，使仪器不仅转速快而且噪声低。

图 6.15　徕卡 TCA2003 测量机器人

图 6.16　徕卡 TM30 精密测量机器人

（2）坚实、可靠

当建筑物和自然地物需要连续实时的安全监测时，徕卡 TM30 精密测量机器人可满足 24 小时×7 天每周不间断的监测任务要求，不受野外较大温差、风雨、沙尘天气的影响，更不受白天黑夜的限制。

防盗 PIN 码及键盘锁定功能可以防止未经授权的用户使用。没有正确的许可码，就不能正常使用仪器和修改数据，从而保证数据安全，降低他人干扰风险。

（3）智能、自动化

徕卡 TM30 精密测量机器人带有智能识别系统，集合了长距离自动目标识别技术、小视场技术、数字影像采集技术。长距离自动目标识别的测程可达 3000 m 且精度可达到毫米级；小视场技术有效提高了 ATR 对棱镜的识别分辨力；数字影像采集技术可以实时监视测站环境。

智能识别系统让仪器快速准确锁定目标，通过程序控制，自动完成测量任务。测量数据实时显示并保存，也可通过数据电缆、电台、移动电话或因特网进行实时数据传输。

6.2.3　徕卡 TS30 超高精度全站仪

徕卡 TS30 超高精度全站仪是徕卡公司最新推出的第 4 代产品。徕卡 TS30 超高精度全站仪如图 6.17 所示。

徕卡 TS30 超高精度全站仪的主要特点有：

（1）高精度

徕卡 TS30 超高精度全站仪测角精度为 $0.5''$，测距精度：棱镜模式为 $0.6\ \text{mm}+1\times10^{-6}D$，免棱镜模式为 $2\ \text{mm}+2\times10^{-6}D$。自动目标识别（ATR）定位精度为 1 mm。它是高精度全站仪的代表产品。

（2）动态跟踪。

（3）自动目标搜索。

（4）操作简单，功能强大

图 6.17　徕卡 TS30 超高精度全站仪

统一的 TPS 和 GNSS 操作平台使得用户能够轻松地在徕卡 TPS 和 GNSS 设备上进行快速切换。此外,灵活的输入/输出方式方便 Smartworx、LGO 和其他软件之间实现数据流通。

（5）较长的免维护期

徕卡 TS30 超高精度全站仪不受野外较大温差、风雨、沙尘天气的影响,抗恶劣环境能力强,具有较长的免维护期。

（6）成熟的产品组合

徕卡 TS30 超高精度全站仪不仅是一台全站仪,更是徕卡测量全面解决方案中的一个重要"成员"。徕卡 TS30 超高精度全站仪和 System1200 的附件可以完全兼容,为用户提供了更好的灵活性及可扩展性。

（7）自动化的单人测量系统

配合徕卡 360°棱镜协同作业,徕卡 TS30 超高精度全站仪能在远程遥控模式下使用人性化设计的手簿实现单人测量。

（8）GNSS 扩展功能：与 GNSS 组合使用

嵌入 GNSS 智能天线的徕卡 TS30 超高精度全站仪可以直接获取测站坐标,而且整合 GNSS 智能天线和棱镜后组成的镜站仪能够实现快速设站和定向。徕卡 TS30 超高精度全站仪扩展了 GNSS 的应用,从而提高了作业效率。

6.2.4　IMAGING STATION 影像型三维扫描全站仪

IMAGING STATION 影像型三维扫描全站仪（图 6.18）,是拓普康公司继 2003 年推出影像全站仪 GPT7000i 之后,最新推出的一款集测量机器人、图像、视频、自动调焦、三维扫描及 2 km 无棱镜测距等功能于一身的 IS(Imaging Station)三维影像工作站。

图 6.18　IMAGING STATION
影像型三维扫描全站仪

6.2.4.1　产品特点

（1）Touch Drive 技术：即点即测,在屏幕上点击哪个目标,仪器就会自动转到相应位置。长焦镜头提供了和望远镜相同的放大倍率,通过长焦相机画面,利用 Touch Drive 技术就可以实现精确照准,和使用望远镜具有相同的效果。

（2）远程视频控制：Image Master 通过 WLAN 卡实现 WiFi 通信,对 IS 实现影像和扫描的无线控制,遥控操作。

（3）影像辅助测量：观测的点都会在屏幕上标识出来,方便检查。当放样的点位于视场内,屏幕上就会出现特殊标记来提示放样点所在的位置,点击"放样",仪器就会自动精确转到待放样点的正确方向上。

（4）全新的扫描方式：

"特征扫描"——辅助扫描,这种方法自动通过区域影像来提取特征点,并进行测量。

"格网扫描"——高速扫描,通过高速的格网扫描来获得目标表面的 3D 数据,并通过 Topcon 的影像分析软件,来创建三维模型。

(5) 辅助调焦:仪器具有自动调焦功能,而辅助调焦旋钮也可以有助于在望远镜里获得清晰的视野。

(6) 利用影像测量倾角大的目标:对于倾角太大的目标,观测起来很难受,有时必须要用弯管目镜,而 IS 让这个问题不复存在。

(7) 2000 m 超长距离的免棱镜测距:IS 可以免棱镜测量 2000 m 距离处的白色物体,可以免棱镜测量 500 m 到 800 m 距离处较暗的表面,如岩石或混凝土。

6.2.4.2　配套软件

IMAGING STATION 影像型三维扫描全站仪安装了高效的数据处理软件 Image Master,可以通过多种方式来处理影像、3D 数据或立体像对。Image Master 可以通过对立体像对进行 DSM(Digital Surface Model)自动量测,从而生成 3D 模型。Image Master 在进行 3D 数据处理时,可以很容易生成等高线及断面图等成果。

6.2.4.3　应用领域

IS 具备扫描功能,对于小区域高精度的地形可以方便地进行三维点云的扫描。

6.2.5　MS 系列精密三维测量机器人

拓普康 MS 系列全站仪(图 6.19),是精密三维自动化测量的新型测量机器人。

6.2.5.1　产品特点

(1) $0.5''/1''$ 测角精度;

(2) $0.5 \text{ mm} + 1 \times 10^{-6} D$ 测距精度;

(3) 目标智能识别与自动照准;

(4) 隧道测量激光指示;

(5) Windows CE 操作系统;

(6) IP64 防尘防水保护。

6.2.5.2　配套软件及应用领域

针对不同测量任务,拓普康 MS 系列全站仪提供了相应的解决方案。

图 6.19　拓普康 MS 系列全站仪

可应用于高速铁路建设、水利设施建设、船舶制造测量、隧道工程测量、桥梁工程测量、三维工业测量等多个领域。

6.3　超全站仪

全站仪在大地测量及工程建设领域得到了广泛应用,但也具有一定的局限性。GPS 的发展从很大程度上弥补了全站仪的缺点,因此出现了全站仪与 GPS 联合作业的方式。为了充分发挥两种技术的优势,于是集成了 GPS 和全站仪功能的仪器诞生了,这就是所谓的超全站仪,如图 6.20、图 6.21 所示。

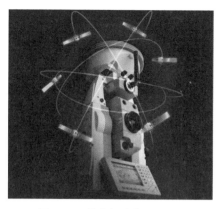

图 6.20　徕卡超站仪 SmartStation

6.3.1　超站仪概述

超全站仪有时简称超站仪,是集合全站仪测角功能、测距功能和 GPS 定位功能,不受时间、地域限制,不依靠控制网,无须设基准站,没有作业半径限制,单人单机即可完成全部测绘作业流程的一体化的测绘仪器。

传统的测量作业,如地形、地籍、土地、交通、工程线路、森林、灾害防治、江河湖海水域等测绘工作,无一不需要先做控制网或控制点,而对测量资料缺乏或控制引入困难的地区,建立控制网点是一件困难的事情。超站仪的出现可以很方便地解决这些问题,使测绘作业从此彻底摆脱控制网的束缚,也克服了 RTK 技术必须设基准站且作业半径范围受限制的困难,可以随时测定地球上任意一点在当地坐标系下的高斯平面坐标。

目前,市场使用的主要是徕卡超站仪 SmartStation。近年来,国产超站仪开始进入市场,代表产品是南方公司的 NTS582 超站仪。

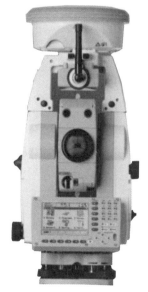

图 6.21　TPS 与 GPS 结合的徕卡
超站仪 SmartStation

6.3.2　徕卡超站仪 SmartStation

徕卡超站仪 SmartStation,如图 6.21 所示,集成了全站仪及 GPS 的功能,实现了无控制点情况下的外业测量,GPS 点位测量精度可以达到毫米级。这种作业模式可以大大改善传统的作业方法,对于线路测量、工程放样、地形测图等劳动强度较大的测量工作,使用 SmartStation 能够大大提高工作效率,节省人力、物力资源。

SmartStation 主要性能特点如下:

(1)即刻获取 SmartStation 站点坐标

安置好 SmartStation 后,开机并按下 GPS 键,在基线50 km的范围内只需很短时间即可得到厘米级精度的 RTK 位置信息。使用 SmartStation 可以在最短时间内完成准备工作,通过 GPS 锁定位置,然后用全站仪进行测量作业。

（2）可作 SmartStation 用，也可作全站仪、RTK 流动站用

SmartStation 采用模块化设计，用户可根据需要以任意方式操作设备。在没有控制点的时候使用 SmartStation，一旦获得了准确的坐标位置，将 SmartAntenna 天线安装在对中杆上，配合 RX1210 控制器和 GTX1230 传感器，组合成一个完整的 RTK 流动站。使用 SmartStation 具备极大的灵活性。

（3）高精度的 GPS 定位

在基线达到 50 km 时，徕卡的 SmartCheck 算法可保证静态 RTK 结果达到水平精度 $10\ \text{mm}+1\times10^{-6}D$，高程精度 $20\ \text{mm}+1\times10^{-6}D$。

（4）CompactFlash 卡

SmartStation、TPS 和 GPS 的数据都存入到同一个 CompactFlash 卡中同一数据库下的同一个作业中。

（5）Bluetooth^{M} 功能

全站仪中应用了 Bluetooth^{M} 无线连接技术，可将数据无线传输至 PDA 和移动电话中。当将 SmartAntenna 用作独立的流动站时，内置在 SmartAntenna 的 Bluetooth^{M} 模块可有助于方便地将 SmartAntenna 连接到其他设备。

（6）共用 TPS 键盘

在 SmartStation 中，TPS 键盘可以控制 GPS 和 TPS 的所有测量、操作以及应用程序。

6.3.3　南方一体式智能超站仪 NTS582

南方一体式智能超站仪 NTS582，如图 6.22 所示，巧妙地将全站仪与北斗 RTK 集成于一身，利用智能化操作系统的开放性，在测量控制软件功能上进行创新，将全站仪和 RTK 的工作方法进行有机结合，改进了外业测量工作方法，丰富了测绘装备应用场景。

图 6.22　南方一体式智能超站仪 NTS582

6.3.3.1　技术特点

(1) 硬件一体化:集智能全站仪和 GNSS 系统于一体,突破传统作业模式,省时省力,适于任何类型的作业。

(2) 软件一体化:搭载安卓 6.0 操作系统,两套测量系统集成于一套测量软件,操作便捷,具有高性能处理器和大容量内容空间,确保数据快速处理。

(3) 高清显示界面:5.0 寸工程触摸屏,720 * 1280 高清分辨率显示,人性化交互界面,输入更加简便。

(4) 物理数字按键:专为工程测量设计,数字按键和触摸屏配合使用,从容应对各种作业环境,数据准确录入,性能稳定可靠。

(5) 广泛的通讯接口:内置蓝牙、WiFi、WiFi 热点、4G 模块,USB 接口,支持互联网、云平台接入,高效传输,智能互联。

(6) 开放的系统平台:开放式操作系统,可根据作业需求,升级定制,功能软件一键安装,升级潜力无限。

(7) 免控制测量:改变传统先定向后测量的作业模式,GNSS 测量系统可直接测定超站仪架站位置,无需常规的控制点和导线测量。实现无加密控制的即用即测作业模式,可先测量后定向或一边测量一边定向。

(8) 无误差积累:在作业半径范围内,定位精度达到厘米级,不存在误差积累,整个测区确保一致的高精度。

(9) 无需引测:不受控制点和障碍物影响,顶空通视即可开始作业。

(10) 灵活多样的定向方法:实现基于一个已知点的单点定向、无已知点的任意定向以及基于多个已知点的多点定向功能,灵活应对不同的作业环境和作业条件。

6.3.3.2　技术指标

(1) 全站仪技术指标

测角精度:$2''$。

有合作目标时:测距精度 2+2 ppm;单棱镜测程 5000 m。

无合作目标时:测距精度 3+2 ppm;免棱镜测程 800 m/1500 m/2000 m。

(2) GPS 精度指标

静态平面精度:± 2.5 mm+1 ppm。

静态高程精度:± 5 mm+1 ppm。

RTK 平面精度:± 10 mm+1 ppm。

RTK 高程精度:± 20 mm+1 ppm。

本 章 小 结

　　Windows 全站仪在中国的发展速度非常快,普遍采用最新的 Windows CE. NET 4.2操作系统、QVGATFT 触摸式彩色液晶显示屏、图形化的操作界面、内装功能强大的专业测量程序(如:内置测图精灵、工程精灵、控制精灵、公路精灵、管线精灵等软件)。相对普通全站仪而言,Windows 全站仪极大地提高了全站仪使用的便捷性和灵活性。

　　测量机器人是一种集自动目标识别、自动照准、自动测角与测距、自动目标跟踪、自动记录于一体的测量平台。测量机器人主要的特点是自动化和智能化,同时一般具有高精度,常用于高精度的变形监测工程。

　　超全站仪,是集合全站仪测角、测距和 GPS 定位功能,不受时间、地域限制,不依靠控制网,无须设基准站,没有作业半径限制,单人单机即可完成全部测绘作业流程的一体化的测绘仪器。主要由动态 PPP、测角测距系统集成。它克服了普通全站仪、GPS、RTK 技术的一些局限。

习　　题

6.1　以一款 Windows 全站仪为例,说明 Windows 全站仪的主要性能特点。

6.2　列举出几款测量机器人,并说出主要的技术性能指标。

6.3　超站仪主要有哪些特点?

参 考 文 献

［1］ 何保喜.全站仪测量技术[M].郑州:黄河水利出版社,2010.

［2］ 须鼎兴,倪福,虞润身.电子测量仪器原理及应用技术[M].上海:同济大学出版社,2002.

［3］ 杨晓明.数字测图[M].北京:测绘出版社,2009.

［4］ 赵文亮.地形测量[M].郑州:黄河水利出版社,2010.

［5］ 杨俊志.全站仪的原理及其检定[M].北京:测绘出版社,2004.

［6］ 国家质量监督检验检疫总局.光电测距仪检定规程(JJG 703—2003)[M].北京:中国计量出版社,2004.

［7］ 国家质量监督检验检疫总局.全站型电子测速仪检定规程(JJG 100—2003)[M].北京:中国计量出版社,2004.

［8］ 张正禄.测量机器人介绍[J].测绘通报,2001(5).